마실에서 만난 우리 동네 들꽃 *01*

같은 듯 다른 들꽃

일러두기

1. 책은《 》로, 작품(논문, 시, 소설, 그림, 노래, 영화), 신문과 잡지는〈 〉로 구분하였다.
2. 외래어는 주로 국립국어원의 외래어 표기에 따라 표기하였고, 학명은 이탤릭체로 표기하였다.
3. 식물의 과명(科名)은 사이시옷을 빼고 표기하였다.
   (예: 볏과→벼과, 미나리아재빗과→미나리아재비과)

마실에서 만난 우리 동네 들꽃 *01*

같은 듯 다른 들꽃

초판 1쇄 발행일 2023년 6월 21일

지은이 권동희
펴낸이 이원중

펴낸곳 지성사 **출판등록일** 1993년 12월 9일 **등록번호** 제10 - 916호
주소 (03458) 서울시 은평구 진흥로 68, 2층
전화 (02) 335 - 5494 **팩스** (02) 335 - 5496
홈페이지 www.jisungsa.co.kr **이메일** jisungsa@hanmail.net

ⓒ 권동희, 2023

ISBN 978-89-7889-534-7 (04470)
       978-89-7889-533-0 (세트)

마실에서 만난 우리 동네 들꽃 **01**

같은 듯 다른 들꽃

글과 사진
권동희

지성사

 여는 글

어릴 적 시골집에는 염소, 토끼, 닭, 꿀벌 등이 북적댔다. 이런 가축을 키우는 건 당연히 어른들의 몫이었지만 토끼 먹이 주기는 내 담당이었다. 힘에 부치기는 했어도 가끔 염소를 끌고 풀을 먹이러 들판으로 나가는 일은 꽤 큰 즐거움 중 하나였고, 도랑에서 잡아온 버들치, 물방개, 개미귀신들도 키웠다. 봄과 여름에는 어머니가 애지중지 보살피는 안마당 작은 화단에서 해바라기, 맨드라미, 채송화, 백일홍, 봉숭아가 다투어 꽃을 피워냈는데 물 주기는 역시 내 담당이었다. 이런 환경 탓인지, 유전적인지는 모르지만 생물 탐구는 나의 가장 소중한 취미생활이 되었다.

그러나 도시에서 중학교를 다니면서부터 아쉽게도 나의 자연 탐구 생활은 더 이상 이어지지 못했다. 그 대신 나에게는 또 다른 재미가 생겼다. 생물실의 현미경을 발견한 것이다. 현미경은 나를 새로운 생물 탐험의 세계로 안내했다. 주저 없이 특별활동으로 생물반을 선택한 나는 시간만 나면 손에 잡히는 모든 것을 현미경으로 들여다보았다. 물론 대부분 그렇듯이 취미가 내 인생의 직업으로 이어지지는 않았다. 다만 대학에서 지리학을 공부하면서 내 생애 대부분을 야외에서 보냈으니 아주 동떨어진 여정은 아니었다.

정년퇴임 후에는 어릴 적부터 마음에 담고 있던 들꽃 여행을 제대로 하고 싶어졌다. 마침 코로나19로 인해 여행이 자유로워지지 못하자 먼저 부담 없는 동네 나들이부터 시작했다. 일종의 '마실'이다. 마실은 원래 걸어서 반나절 거리의 동네 여행이었지만 지금은 자전거나 자동차로 두세 시간 거리까지 범위가 늘어났다. 내가 사는 곳이 경기도 성남시 분당구 야탑동이니, 분당구 전역 그리고 인근 광주와 용인, 서울과 인천 일부가 물리적인 마실 후보지가 된다.

그러나 모든 여행이 그렇듯 동네 여행도 물리적 거리 못지않게 시간적 거리도 중요하다. 게다가 들꽃 여행에 걸맞게 이런저런 들꽃들을 쉽게 만날 수 있어야 함은 물론이다. 다행스럽게도 우리 동네에는 이러한 조건을 갖춘 장소가 결코 적지 않다. 탄천, 분당천, 야탑천, 성남시청공원, 중앙공원, 율동공원, 밤골계곡, 맹산환경생태학습원, 맹산반딧불이자연학교, 맹산자연생태숲, 불곡산, 문형산, 포은정몽주선생묘역 등이 바로 그곳이다. 물리적으로는 꽤 거리가 있지만 30~40분이면 갈 수 있는 남한산성과 인천수목원 역시 우리 동네 들꽃 여행지로 손색이 없다.

들꽃 여행은 보물찾기와 같다. 그날의 보물이 뭐가 될지는 나도 모른다. 매일매일의 마실 여행이 늘 설레는 이유다. 수백만 년 전의 구석기 시대, 빈 망태 하나 둘러메고 움막을 나선 수렵 채집인의 하루가 이랬을지도 모르겠다.

들꽃 여행의 시작은 그들의 이름을 정확히 찾아내 불러주는 것이다. 들꽃의 이름은 각각 그들의 생태적 특성에서 비롯되고 그러한 특성은 다분히 지리적 환경을 반영한다. 그들이 살아온 시간과 장소에 뿌리를 둔다. 그러나 살아 있는 생명체인 들꽃은 자신의 환경에 머무르지 않는다. 가끔은 울타리를 벗어나 산을 넘고 강을 건넌다. 때로는 바다와 대륙을 넘나들기도 한다. 들꽃은 곧

충을 부르고 곤충은 들꽃으로 날아든다. 둘의 공생관계는 사람에게도 적용된다. 원시사회에서 들꽃이나 곤충은 인간의 생존을 위한 필수조건이었고, 현대인의 삶도 그 연장선상에 있다. 같은 듯 다른 들꽃, 사람과 들꽃, 시간을 알려주는 들꽃, 장소를 가리는 들꽃, 곤충을 부르는 들꽃, 울타리를 넘는 들꽃 등 여섯 가지 소주제는 이렇게 해서 탄생했다.

최근 과학자들은 예전에 생각했던 것보다 훨씬 다양한 물질이 우리의 비강을 거쳐 뇌로 갈 수 있고, 이는 다시 혈액을 따라 몸 전체를 순환한다는 사실을 발견했다. 자연녹지에는 엄청난 양의 후각 자극 화학물질이 있는데 이들은 상승작용을 통해 정신상태의 균형을 유지하고 별 노력 없이도 주의를 집중하게 한다. 우리는 향기를 맡을 때 생각하지 않는다. 향기를 맡으며 좋다 싫다가 아니라 그냥 바로 느낄 뿐이다. 바로 '자연 몰입'이다. 걷고 들꽃과 만나고 눈을 맞추는 일련의 몰입 행동은 순간적 행복감을 폭발적으로 증폭시킨다.

들꽃 여행은 자연 몰입 시간이다. 시인 윌리엄 블레이크는 들꽃 한 점에서 천국을 보고, 장석주는 대추 한 알에서 천둥소리를 듣는다고 했다. 남아메리카 오지 호숫가에서 자라는 거대한 노거수 자귀나무는 자연지리학자이자 탐험가인 훔볼트에 의해 '천연기념물'로 태어났고, 나는 중앙공원 한구석의 자귀나무에서 그 훔볼트를 만난다. 탄천을 거닐며 괴테가 되고 밤골계곡을 누비며 훔볼트와 다윈이 된다.

"자연을 가장 가까이 들여다보라. 자연은 우리의 시선을 가장 작은 잎사귀로 낮추고 곤충의 시선으로 그 면을 바라보도록 초대한다"는 헨리 데이비드 소로(Henry David Thoreau)의 외침이 나를 자연으로 내몬다.

'마실에서 만난 우리 동네 들꽃' 시리즈는 2년여 동안의 우리 동네 들꽃 산책 기록이다. 나의 사랑스러운 여행 친구들, 249종의 들꽃과 26종의 곤충이 이 책의 주인공들이다. 미국의 생물학자 에드워드 윌슨(Edward O. Wilson)은 "우리는 다른 생물을 이해하는 정도만큼 그 생물과 우리 자신에 더 큰 가치를 부여하게 된다"고 했다. 이번 들꽃 여행을 통해 나는 275가지의 창조적이고 감동적인 가치를 선물 받았다. 남아메리카 수리남 여행길에 윌슨의 가슴을 벅차 오르게 한 바로 그 '생명 사랑(biophilia)'의 보물들이다.

백지상태와 다름없는 나의 생물학적 지식은 참고한 자료에 수록된 수많은 전문 서적들과 정보로부터 채워졌다. 그중에서도 김종원의《한국 식물 생태 보감》과 이재능의《꽃들이 나에게 들려준 이야기》는 내게 깊은 영감과 용기를 불어넣어 주었다. 두 책의 저자께 특별히 감사를 드린다. 지식이 책 속에 만 있는 것은 단연코 아니다. 사려 깊은 자연 탐구를 통해 얻은 경험적 지혜와 샛별처럼 빛나는 아이디어를 아낌없이 제공해주신 숲해설가 이승미 님께도 깊이 감사를 드린다. 뭐니 뭐니 해도 지성사 이원중 대표님의 결단이 아니었으면 이 책은 결코 세상 밖으로 나오지 못했을 것이다. 마음속 깊이 감사의 말씀을 전한다.

차례

사람과 들꽃

분당

내가 살고 있는 곳은 성남시 분당이다. 해발 522미터의 남한산 남쪽 자락에 경기도 성남시가 있고 다시 그 남서쪽으로 인구 50만 명의 분당 신도시가 자리한다. 성남 구시가지가 구릉지대에 형성되었다면 분당은 분지성 충적평야를 중심으로 들어섰다. 분당(盆唐)이라는 지명에서도 그 지리적 특성이 잘 나타난다.

시가지 중심부로는 지방하천 탄천이 남북으로 가로지르고 그 동쪽으로는 남한산, 검단산(523m), 영장산(414m), 문형산(496m), 불곡산(335m) 등이, 서쪽으로는 청계산(616m)과 태봉산(318m)이 각각 자리한다. 이 산지들에서 크고 작은 지류 하천들이 탄천으로 흘러든다. 동쪽에서는 여수천, 야탑천, 분당천이, 서쪽에서는 금토천과 동막천이 합류한다. 금토천으로는 또 하나의 작은 지류인 운중천이 합쳐진다. 분당의 생활은 탄천과 그 지류들을 중심으로 이루어진다. 성남시청, 성남종합버스터미널, 분당구청은 각각 여수천, 야탑천, 분당천이 탄천과 만나는 지점에 자리하고 있다.

분당에서는 산, 하천, 호수, 습지, 공원, 관공서 등이 실핏줄처럼 이어져 있다. 아파트를 나서서 30여 분만 걸으면 산이고 하천이고 호수다. 주기적으로 범람하는 하천 변에는 습지 지형까지 존재한다. 좀 과장해 말하자면 한반도를 구성하는 자연지리적 요소는 거의 갖추었다고 할 수 있다. 이런 이유로 비

분당과 탄천

록 좁고 복잡한 도시 공간이지만 분당에서는 아주 다양한 자연을 쉽게 만나
볼 수 있다. 게다가 행정 경계를 살짝 벗어나면 같은 생활권으로 용인과 광주
가 이어진다. 자동차로 30분 내외의 거리인 문형산, 포은정몽주선생묘역, 남한
산성 그리고 막힘없는 고속도로를 40여 분 달리면 도착하는 인천수목원은 또
다른 매력적인 동네 들꽃 여행지다.

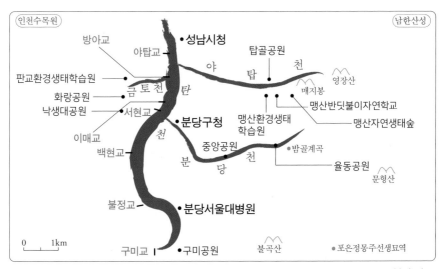

분당 지도

탄천

탄천은 경기도 용인시에서 발원해 성남시를 남북으로 가로질러 서울 한강으로 흘러드는 하천이다. 전체 길이 36킬로미터 중 약 25킬로미터가 성남시를 통과한다. 이전에는 인근의 생활용수가 그대로 흘러들어 수질오염이 심각했으나 분당 신도시가 들어서면서 하천을 정비하고 시민공원으로 꾸미면서 원래의 자연생태계를 회복했다. 탄천은 지리적으로 상류, 중류, 하류 구간으로 나뉘고 그에 따라 생태 특성도 조금씩 다르다.

탄천에는 상류 쪽 구미교에서부터 미금교, 돌마교, 불정교, 금곡교, 백현교, 수내교, 서현교, 야탑교, 서송교, 둔전교, 대왕교 등이 동서를 가로지르며, 구미교~불정교 구간이 상류, 불정교~서송교 구간이 중류, 서송교~대왕교 구간이 하류에 해당된다. 상류 구간은 지형적으로 곡류하천, 중·하류 구간은 직류하천의 형태이다. 상류의 곡류하천 구간은 자연스럽게 급경사의 공격사면과 완경사의 보호사면이 나타난다. 보호사면 쪽으로는 아파트 단지가 들어섰지만 공격사면 쪽은 경사가 급해 대부분 자연 숲이 그대로 보존되어 있어 뚜렷한 경관 차이를 보이고 식생(植生)도 다르다. 분당서울대병원 쪽이 바로 이 공격사면에 해당된다. 분당 신도시는 탄천의 중류 구간을 중심으로 조성되어 있다. 하류 구간은 직류하천이면서 좌우로 급경사의 산사면이 인접해 있어 상류 구간의 경관과 유사한 모습을 띤다.

비가 많이 오는 여름철에는 탄천의 하천 일대가 대부분 물에 잠기기 때문에 주로 습지성 식물이 자란다. 반면 상류 및 하류 일부 구간의 산지가 접한 곳에서는 산지성 식물이 자란다. 겨울이면 탄천은 철새들의 세상이다. 텃새와 나그네새가 함께 모여 한겨울을 난다. 하긴 사람들이 이 땅에 들어서기 전부

탄천 서현교 일대 여름 풍경

탄천 돌마교 일대 가을 풍경

13

탄천 수내교 일대에서 겨울을 나는 원앙들

터 탄천의 주인은 나무와 풀 그리고 곤충과 새들이었다. 성남시에서는 탄천에 사는 새가 모두 28종이라고 밝히고 있지만 2년여 동안 내 눈에 들어온 새만 해도 40여 종이 넘는다.

탄천은 도심을 관통하는 하천이므로 현실적으로 차로 접근하기는 좀 불편하다. 그러나 조금 걷는다고 생각하면 여러 방법이 있다. 탄천교 인근의 성남시청 주차장, 야탑교 인근의 탄천종합운동장 주차장, 서현교 인근의 분당구청 주차장, 백현교 인근의 새벽월드교회 카페 주차장, 구미교 인근의 구미공원 주차장 등을 이용하면 된다.

분당천과 야탑천

분당천은 율동 매지봉에서 발원해서 율동공원 분당저수지를 관통한 뒤 다시 중앙공원 앞을 지나 탄천으로 흘러 들어간다. 우리 어릴 적에는 이런 정도의 하천은 보통 개울이라고 불렀다. 실제로 분당 신도시가 들어서기 전에는 이 분당천을 앞개울, 벌치개울, 뒷개울 등으로 불렀다. 이전에는 꽤 다양한 생명체들이 살았을 테지만 지금은 생태적으로 매우 단순화되었다는 느낌이 든다. 그런데 놀랍게도 분당천에는 너구리가 살고 있다. 이른바 도시 너구리다.

야탑천은 야탑동 영장산 서쪽 계곡에서 나온 물이 탑골공원 일대에서 모여 탄천 쪽으로 흐르면서 이루어진 작은 하천이다. 분당천과는 비슷한 규모의 지류 하천이지만 또 다른 독립적인 생태계를 형성하고 있어 색다른 들꽃 여행을 즐길 수 있다.

분당천의 봄 풍경

다양한 나무와 들꽃이 자라는 야탑천

분당천에서 만난 너구리

15

율동공원과 중앙공원

율동공원은 분당천 상류에 자리한 공원이다. 율동공원의 백미는 공원의 중심이 되는 분당저수지다. 신도시가 들어서기 전 이 일대 농경지에 농업용수를 공급하기 위해 만들었는데 도시가 들어서면서 자연스럽게 공원으로 바뀌었다. 율동공원은 이 저수지를 중심으로 북쪽 놀이광장, 남서쪽 조각광장과 책테마파크, 동남쪽 밤골계곡 등 세 구역으로 나뉜다. 놀이광장과 조각광장을 잇는 산책로는 율동공원의 핵심 지역이다. 호수 주변으로 비교적 널찍한 평지가 이어지고 뒤쪽으로는 야트막한 산이 병풍처럼 두르고 있다. 풍수지리상 명당자리인지 곳곳에 묘지들이 자리를 잡고 있고 주말농장, 운동 및 놀이시설 등이 그 주변으로 들어서 있다.

요즘 율동공원에는 '율동공원이 전국 최고의 가족 휴식 공간으로 다시 태어납니다'라는 반가운 현수막이 걸려 있다. 성남시 승격 50주년 기념 사업 중 하나로 성남시에서 내건 것이다. 부디 이 사업으로 율동공원이 더욱 훌륭한 들꽃 여행지로 거듭나기를 희망한다. 율동공원에서 분당천의 지류 하천을 따라 동쪽으로 조금 깊숙이 들어가면 밤골계곡이 나온다. 계곡 끝자락에 대도사라는 사찰이 있어 대도사 계곡으로도 불린다. 율동이나 밤골이라는 지명은 밤나무가 많아서 붙인 이름이긴 하지만 그렇다고 밤나무만 있는 것은 아니다. 밤골의 매력 포인트는 사실 참나무류 숲이다. 도시공원으로서는 드물게 거의 사람들의 손을 타지 않은 채 자연숲을 유지하고 있다.

신도시가 들어서기 전에는 탄천에서부터 분당천을 지나 꽤 힘들여 찾아야 했던 정말 외진 골짜기였을 것이다. 밤골계곡 끝에서 주말농장을 끼고 완만한 등산로를 따라 10여 분 오르면 광주 오포읍 신현리로 넘어가는 고갯마루

율동공원 분당저수지

겨울 밤골계곡에서 만난 노랑턱멧새

중앙공원

가 나온다. 여기에서 오른쪽 능선을 따라가면 불곡산, 왼쪽으로는 영장산 그리고 더 북쪽으로 올라가면 검단산과 남한산이다. 그러니 율동공원 동쪽 산자락은 말하자면 광주산맥의 한 줄기인 셈이다. 밤골계곡 내에도 테니스장이나 대도사 쪽에 주차공간이 있어 차로 가도 되고 율동공원 대형 주차장에 주차하고 운동 삼아 걸어 올라가도 좋다. 천천히 걸어도 10여 분이면 충분하다.

중앙공원은 율동공원과 탄천 사이 분당천 변에 위치한 도심 속 녹지섬이다. 중앙공원은 이름만 중앙이 아니라 실제로 분당의 지리적 중심이기도 하다. 공원 중심에 인공호수인 분당호가 있고 그 주변으로 많은 종류의 꽃나무, 유실수 등이 잘 가꿔져 있다. 중앙공원과 율동공원은 분당의 대표 공원인데 이 둘은 같은 듯 살짝 다르다. 지리적 언어로 비유하자면 율동공원은 개방적인 '사바나형 공원', 중앙공원은 폐쇄적인 '열대우림형 공원'이라고 할 수 있다. 이 두 공간을 이어주는 것이 바로 분당천이다.

맹산과 탑골공원

맹산은 분당의 뒷동산이다. 해발 414미터의 영장산에서 남서쪽으로 흘러내려 이매동 성남아트홀로 이어지는 산줄기 중간에 위치한 산으로 가장 높은 봉우리가 매지봉이다. 이 봉우리는 야탑동과 율동의 행정 경계이기도 하다. 분당선 지하철 야탑역이나 이매역에서 단 몇 분만 걸으면 오를 수 있다.

맹산의 산자락에 자리한 맹산환경생태학습원, 맹산반딧불이자연학교, 맹산자연생태숲 등은 분당 생태계의 보물들이다. 맹산환경생태학습원에는 널찍한 주차장이 마련되어 있고 아침 9시부터 오후 5시까지 무료로 이용할 수 있다. 월요일은 휴관이다.

맹산자연생태숲에 둥지를 튼 다람쥐

    맹산 맞은편으로 또 하나의 영장산 산줄기가 이어지는데 이 일대에 탑골
공원이 들어서 있다. 두 산줄기 사이로 흐르는 하천이 바로 야탑천이고, 이 하
천이 흐르는 골짜기를 예전부터 탑골이라 불렀다. '야탑(野塔)'이라는 명칭은
1914년 일제에 의해 처음 명명되었는데, 오야소(梧野所)의 '야' 자와 상탑, 하탑
의 '탑' 자를 취한 것이다. 오야소란 이름은, 원래 마을 앞의 들이 넓고 주위에
오동나무가 많았기 때문에 '오동나무 들마을'이라고 하다가 오동나무 열매가
많이 열리는 '오야실(梧野實)'로 변하였고, 그것이 다시 '외실' 또는 '왜실'로 줄
었다가 한자로 표기할 때 '오야소'로 기록한 것이라고 한다. 이곳에 세워진 '탑'
의 정확한 역사적 기록은 남아 있지 않으나 대략 300여 년 전 이 지역에 탑이
세워진 것으로 알려져 있다.

성남시청공원과 화랑공원

분당구와 수정구 경계에 자리하고 있는 성남시청사는 처음부터 청사 담을 없애고 그 대신 꽤 넓은 부지의 시청공원을 조성해 놓았다. 공원은 다양한 꽃나무와 유실수 그리고 들꽃으로 가득 채워져 있고 산책로가 탄천까지 이어진다. 성남시청의 주차장은 평일에는 한 시간, 주말과 휴일에는 무료로 개방되어 공원을 이용하기에 매우 편리하다.

화랑공원은 판교 신시가지를 서에서 동으로 관통하는 금토천 변에 조성된 공원이다. 또 다른 지류인 운중천이 여기에서 합류한다. 화랑공원의 북서쪽 도로변에는 판교환경생태학습원이 자리하고 있다.

성남시청공원을 찾아온 오색딱다구리 수컷

화랑공원과 판교환경생태학습원

불곡산 골안사 계곡

불곡산은 분당구 정자동과 광주시 오포읍의 경계가 되는 해발 345미터의 비교적 야트막한 산이다. 불곡산으로 오르는 가장 편한 길은 구미동 골안사 코스다. 날이 아무리 가물어도 자그마한 계곡으로 물이 졸졸 흐르는 소리가 들리는 것이 꽤 운치가 있다.

골안사 대웅전을 지나면 두 갈랫길이 나온다. 왼쪽 길은 계단이 많은 급경사 길이고 오른쪽은 훨씬 완만하다. 골안사에서 600미터쯤 오르면 불곡산 능선부가 나온다. '성남 누비길' 7개 구간 중 제4구간인 불곡산 길이 이어지는 곳이다. 이곳에서 불곡산 정상 쪽으로 약 300미터 진행하면 다시 골안사로 되돌아오는 길로 내려서게 된다.

불곡산 골안사 계곡

광주 문형산 용화선원 계곡

문형산은 경기도 광주시 오포읍과 분당의 경계에 있는 해발 496미터의 산이다. 한반도 산지의 평균 고도가 433미터이니 문형산은 우리나라에서 평균 이상의 높이인 산이라고 할 수 있다. 분당에서 등산로 입구까지 약 25분 걸리고 주차장에서 정상까지는 약 1.5킬로미터다. 문형산은 산세가 험하지 않고 대체로 부드러운 느낌을 주는 토산이다. 거친 암석보다는 부드러운 흙으로 대부분 덮여 있다. 이는 기반암이 퇴적변성암인 편마암으로 되어 있기 때문이다. 편마암 자체가 원래 진흙 성분이 퇴적되어 만들어진 암석이니 태생적으로 이 산지들은 토산이 될 수밖에 없다.

문형산은 전반적으로 물이 부족하지만 부분적으로 소규모의 자연습지가 발달해 있고 여기에서부터 비롯된 작은 도랑물이 아래쪽으로 흐르면서 국지적인 습지성 식물군락이 형성되어 있다. 꽤 규모가 큰 으름덩굴 지대가 바로 이 일대에 형성되어 있다.

광주 문형산 용화선원 계곡

광주 남한산성

남한산성은 행정상으로는 경기도 광주시 관할이지만 지리적으로는 서울시,
성남시, 하남시의 경계 지역에 위치한다. 성남시청에서 약 8킬로미터, 자동차

남한산성 둘레길 풍경

남한산성 복수초

남한산성 앉은부채

로 약 30분 거리다. 해발고도 522미터의 남한산은 전체적으로 급사면으로 둘러싸여 있고 산지 정상부는 고위평탄면 지형을 이루고 있어 남한산성 일대는 산지 규모에 비해 매우 다양한 식물이 자생하고 있는 것이 특징이다. 접근성도 좋을 뿐만 아니라 성곽을 따라 완만한 둘레길이 다양하게 조성되어 있어 동네 들꽃 여행지로 손색이 없다.

용인 포은정몽주선생묘역

용인시 모현면 능원리에 있다. 분당에서 약 20분 거리다. 결코 먼 거리는 아니지만 태재고개를 넘어야 한다는 생각에 꽤 멀게 느껴지는 곳이다. 입구의 간이주차장에 차를 세우고 묘역으로 들어서면 221미터의 야트막한 문수산 남서쪽 사면으로 시원스레 펼쳐진 묘역이 한눈에 들어온다. 양옆 능선을 따라 묘역을 한 바퀴 빙 두르는 약 3킬로미터의 완만한 오솔길이 있어 천천히 등산

포은정몽주선생묘역

포은정몽주선생묘역 큰구슬붕이

겸 산책을 즐길 수 있다.

묘역 공간은 모두 깔끔하게 잔디로 덮여 있으니 자연 식물을 관찰하기는 쉽지 않다. 그러나 잔디나 묘지의 특별한 환경을 좋아하는 식물을 관찰할 수 있는 것이 이곳에서만 누릴 수 있는 특권이기도 하다.

인천수목원

들꽃 여행의 필수품 중 하나는 들꽃 도감이다. 그러나 도감만으로는 2퍼센트 부족하다. 이 부분을 채워주는 것이 바로 수목원이다. 수목원의 최대 장점은 온갖 들꽃이 한 장소에 모여 있고, 대부분 이름표를 달고 있다는 것이다. 들꽃 여행 초보자에게 가장 어려운 점 하나는 그 이름을 찾아내 제대로 불러주는 것이다.

인천수목원은 우리 동네 성남에서는 35킬로미터 정도 떨어져 있지만 110번 고속도로를 이용하면 40여 분 정도밖에 걸리지 않는다. 자동차가 '동네'의 개념을 바꿔놓는 시대를 살고 있다.

인천수목원 능수매화

카메라와 렌즈

들꽃 사진 촬영용 카메라는 스마트폰에서부터 미러리스에 이르기까지 선택의 폭이 무척이나 넓으니 여행자의 여건이나 취향에 맞춰 준비하면 될 일이다. 선택의 여지가 있다면 좀 더 가벼워진 미러리스 카메라에 접사렌즈를 조합하면 금상첨화다.

니콘 Z 7II + 니코르 Z MC 105mm f/2.8

필자의 경우 이번 들꽃 여행에서는 니콘 Z 7II 카메라에 니코르 Z MC 105mm 렌즈를 메인으로, Z fc 카메라에 Z MC 50mm 렌즈를 서브 카메라로 사용했다. 전자는 사진의 품질 면에서, 후자는 휴대성 면에서 상대적으로 유리하다.

같은 듯 다른 들꽃

뉴기니의 포레족은 그들 주변에 살고 있는 모든 나비를 그냥 '나비'라 부른다. 물론 그들이 결코 나비를 구분하지 못해서는 아니고 필요를 느끼지 않기 때문이란다. 그들은 실제로 마을을 찾아오는 많은 새를 정확하게 구분하고 각 새들에게 적절한 이름을 짓고 또 불러준다. 놀라운 것은 학교 교육을 제대로 받지 못한 그들의 구분법이 현대과학의 생물분류법과 크게 다르지 않다는 점이다.

현대 식물분류학은 스웨덴 식물학자 칼 폰 린네(Carl von Linné, 1707~1778)가 창안한 이명법(二名法)에 근거하여 식물 이름을 붙인다. 각 식물마다 속(屬)과 종(種)에 라틴어를 붙이고, 거기에다 최초의 명명자(命名者) 이름을 덧붙이는 방식이다. 그러나 이에 대해서는 너무 작위적이고 그 식물의 특성을 제대로 드러내지 못한다는 부정적 시각이 많다.

20세기 초 오스트리아 – 헝가리 생물학자 라울 프랑세(Raoul H. Francé)는 린네의 이명법을 "그가 나타나면 웃고 있던 시냇물도 죽어 버리고 화사한 꽃들도 시들어 버린다. 목초지에서 느낄 수 있는 우아함이나 즐거움도 그곳의 생물들에게 수천 가지의 라틴어 이름을 붙임으로써 빛이 바랜다"고 신랄하게 비판했다.

독일의 시인이자 과학자인 괴테는 린네가 죽은 뒤 8년이 지난 어느 해 남유럽 여행길에서, 지금까지의 식물학적 방법으로는 생장주기를 가진 유기체로서의 식물의 진실에 접근할 수 없다는 것을 깨닫는다. 그는 자연을 사랑하지 않는 자는 자연의 보고(寶庫)를 발견할 수 없다고 했다. 어쩌면 들꽃 여행자에게는 포레족이 누리는 '자유로운 영혼'과 괴테가 강조한 '시인의 감성'이 더 필요할지도 모른다.

◀ 포레족에게 호랑나비는 그저 나비일 뿐이다.

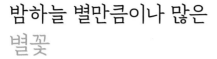

밤하늘 별만큼이나 많은
별꽃

별꽃이라는 이름으로 불리는 들꽃은 밤하늘의 별만큼이나 많다. 그중 가장 흔한 것은 별꽃, 쇠별꽃, 개별꽃 등이다. 종은 다르지만 별꽃을 닮았다는 털별꽃아재비도 있다. 별꽃류는 냉이, 흰명아주, 새포아풀 등과 함께 전 세계적으로 가장 넓게 분포하는 식물 중 하나로 알려져 있다.

별꽃류는 식물 분류상 속씨식물에 속한다. 속씨식물은 꽃이 피고 열매를 맺는 씨식물 중에서 씨방 안에 밑씨가 있는 식물을 말한다. 식물 중에서 가장 진화한 것으로 지구상의 식물 중 약 80퍼센트가 여기에 속한다. 속씨식물의 꽃은 기본적으로 꽃잎, 꽃받침, 암술, 수술 등 네 부분으로 이루어져 있다. 이들은 식물의 종을 나눌 때 중요한 기준이 된다.

꽃잎의 경우 꽃잎이 갈라진 갈래꽃(이판화離瓣花)과 꽃잎이 하나로 붙어 있는 통꽃(합판화合瓣花)으로 나뉜다. 별꽃류는 꽃잎이 5장으로 갈라진 갈래꽃이다. 그리고 5장의 꽃잎 사이에 5장의 꽃받침이 이들을 받쳐주고 있다. 별꽃이라는 이름은 바로 이 꽃받침의 모양이 오각별처럼 보인다고 해서 붙였다. 별꽃의 학명은 스텔라리아 메디아(*Stellaria media*)이다. 속명 스텔라리아는 라틴어에서 별을 의미하고, 종소명 메디아는 '중간'이라는 뜻이다. 메디아는 별꽃 줄기 속에 '심지'가 들어 있다고 해서 붙인 것으로 보인다.

별꽃이 갈래꽃이기는 하지만 꽃잎의 갈라짐은 별꽃류마다 각기 다르다. 별꽃과 쇠별꽃은 그 끝이 다시 2개로 갈라져 있어 마치 10장처럼 보이지만 개별꽃은 살짝 시늉만 낼 뿐 거의 갈라지지 않은 채 그대로다. 그래서 개별꽃은 별꽃이나 쇠별꽃에 비해 상대적으로 더 크고 넓적하게 보인다. 개별꽃은 수술의 개수와 잎의 크기 등에 의해 다시 덩굴개별꽃, 큰개별꽃, 긴개별꽃 등으로 구분한다.

별꽃(포은정몽주선생묘역, 2023.4.22.)

별꽃과 쇠별꽃도 자세히 보면 미세한 차이가 있다. 우선 별꽃은 쇠별꽃보다 크기가 작고 암술은 3개, 수술은 3~6개로 역시 쇠별꽃보다 전체적으로 적다. 꽃의 크기가 작으니 꽃술 수도 적게 조절한 모양이다. 상대적으로 쇠별꽃은 별꽃보다 크고 암술 수는 5개, 수술은 10개나 된다. 대개 '쇠' 자를 붙인 생명체들은 '작은' 것을 의미하지만 쇠별꽃의 '쇠'는 작다는 의미가 아니라 소(牛)와 관련되었다. 쇠별꽃이라는 이름은 20세기에 들어와 일본명 우번루(牛繁縷)에서 힌트를 얻은 것으로 그 이전에는 닭의십가비, 잣나물 등으로 불렸다.

별꽃은 지리적으로 약간 그늘지고 덜 습한 환경을 좋아한다. 그러나 쇠별꽃은 양지쪽이면서 물에 잠기는 일이 빈번한 하천 변이나 습지에서 잘 자란다. 상당히 비옥한 땅이다. 종소명의 아쿠아티카(*aquatica*)는 '축축한 땅을 좋아한다'는 뜻의 라틴어에서 비롯되었다. 이런 습성은 명아자여뀌와 아주 비슷하다. 실제로 두 무리는 한 장소에서 사이좋은 이웃으로 살아간다.

물가에서 자라는 식물은 줄기와 잎에 물기가 많아 상대적으로 건조한 땅에 사는 식물보다 부드러워 좋은 소먹이가 되기도 한다. 그 어원이 일본명과 닿아 있다고 하니 비록 기분이 썩 좋지는 않지만 쇠별꽃이라는 이름만 놓고 보면 꽤 괜찮다는 생각이 든다. 어차피 어색하게 들여온 외래어도 어느새 우리말화되는 세상이니까 말이다.

수많은 별꽃류를 대표하는 것은 쇠별꽃이다. 별 중의 별이다. 이 세상 별꽃류 중에서 가장 넓은 면적을 차지한다. 우리 옛말에 "개나 소나~"가 있다. 아주 흔하다는 뜻이다. 쇠별꽃은 흔하기도 하지만 이른 봄부터 가을까지 끊임없이 꽃을 피워낸다. 자연의 공간과 시간을 이만큼 움켜쥐고 사는 들꽃도 드물다. 쇠별꽃이 별꽃보다 그 개체 수가 확연히 많은 것은 타고난 유전자 때문

쇠별꽃(포은정몽주선생묘역, 2020.10.20.)
별꽃 무리 중에서도 가장 흔하게 볼 수 있는 것이 쇠별꽃이다.

이다. 쇠별꽃은 전체적으로 키가 크고 잎도 풍성하다. 이는 오랫동안 왕성하게 광합성작용을 하는 원동력이 된다. 게다가 잎의 수명까지 길다. 봄부터 가을까지 반복해서 꽃을 피울 수 있는 이유다.

들별꽃이라고도 하는 개별꽃은 별꽃이나 쇠별꽃과는 뚜렷이 구별되는 특성을 지닌다. 키는 15센티미터까지 자라고 4~5월에 그 줄기 끝에서 흰색 꽃이 1~5송이 핀다. 수술은 쇠별꽃과 같이 10개나 되는데 그 끝은 처음에는 노란색 꽃밥이 달리고 시간이 지나면서 점차 검붉은색으로 변한다. 그 모양새를

개별꽃(밤골계곡, 2023.4.22.)
수술 끝에 달린 검붉은색 꽃밥이 마치 꽃잎에 박혀 있는 '주근깨'처럼 보인다. 곤충을 꿀샘으로 안내하는 일종의 허니 가이드일지도 모르겠다.

얼핏 보면 마치 하얀 꽃잎에 주근깨처럼 까만 점이 다닥다닥 찍힌 것 같다. 사실 이것이 개별꽃의 정체성이기도 하다.

이름에 '별꽃'이 있지만 보통의 별꽃류와는 종이 전혀 다른 들꽃이 하나 있다. 바로 열대의 중남미에서 들어온 국화과의 털별꽃아재비다. 얼핏 보면 영락없는 별꽃이다. 털이 복슬복슬하고 별꽃을 닮았다고 해서 털별꽃아재비다. '아재비'는 비록 종은 다르지만 생태나 생김새가 비슷한 식물에 빗댄 접미사다. 털별꽃아재비는 별꽃류보다 계절적으로 꽤 늦은 6~10월에 앙증맞은 흰색 꽃을 피운다. 꽃은 돋보기로 봐야 할 정도로 아주 작지만 국화과답게 꽃차례가 머리모양(두상頭狀)이고, 그 모양새는 완전히 해바라기 축소판이다.

국화과 꽃의 특징 중 하나는 두상화 형태로 꽃이 핀다는 것이다. 국화과 중에 가막사리처럼 혀꽃 없이 대롱꽃만 있는 식물도 있지만, 대개 두상화는 대롱꽃(통상화, 관상화)과 혀꽃(설상화)으로 이루어져 있다. 아래쪽은 대롱 모양이지만 위가 혀 모양이라 혀꽃이란 이름을 붙였다. 털별꽃아재비의 혀꽃은 3~6장인데 대부분은 5장이다. 그런데 이 혀꽃은 대롱꽃 주변으로 마치 이가 빠진 모양새로 듬성듬성 나 있어 뭔가 허전해 보인다. 처음 보면 꽃잎 일부가 떨어져 나간 것처럼 느껴진다. 혀꽃은 그 끝이 세 갈래로 갈라져 있는데, 이것이 같은 국화과의 별꽃아재비와 확실한 차이점이다. 혀꽃의 크기도 별꽃아재비보다는 크다. 그래서 큰별꽃아재비로도 불린다.

털별꽃아재비는 털쓰레기꽃이라는 별로 유쾌하지 않은 별명이 있다. 황무지나 도심 쓰레기 터에서도 아주 잘 자라기 때문이다. 그러나 사실 이 녀석이 좋아하는 곳은 농촌의 퇴비 더미 주변이니 도시적 개념인 쓰레기라는 표현은

털별꽃아재비(밤골계곡, 2020.9.13.)
꽃이 귀한 늦여름에서 가을에 여기저기 피어나는 털별꽃아재비는 그래서 더 눈에 들어온다.

코스모스(탄천, 2021.10.1.)
이제 막 피어나는 코스모스 대롱꽃이 밤하늘의 '별'을 쏙 빼닮았다. 그 많은 별을 품고 있는 우주 코스모스, 이름 하나는 정말 잘 지었다.

적절하지 않은 듯하다. 어떤 형태로든 인간과 밀착되어 있는 이러한 식물을 식물사회학에서는 터주식물군(ruderal plants)이라고 한다.

그런데 세상의 모든 '별'들을 품은 꽃이 있다. 바로 '우주'라는 이름의 코스모스다. 왜 하필이면 우주일까. 코스모스의 어원인 그리스어 Kosmos는 '질서'를 의미한다. 우주 자체가 질서정연하기는 하지만 들꽃 이름으로서의 코스모스를 설명하기에는 부족하다. 〈중앙일보〉 '소년중앙' 김현정 기자는 하나둘 피어나는 코스모스의 대롱꽃들이 영락없는 밤하늘의 별과 같다고 했다. 별들을 품고 있는 우주, 그게 바로 코스모스라는 말이다. 정말 기발한 상상력 아닌가? 미국의 생물학자 데이비드 조지 해스컬은 "숲에서 우주를 본다"고 했다. 나는 코스모스에서 우주를 보았다.

한반도를 점령한
제비꽃

　"빛바랜 얇은 양복 속의 앙상한 어깨가 애처로웠고 깊이 파인 목덜미의 홈엔 지저분하게 센 머리가 제비초리가 되어 뾰족하게 모여 살짝 왼쪽으로 꼬부라져 있었다."

　박완서의 소설 《유실》에 나오는 대목이다. 제비초리는 뒤통수 한가운데 골을 따라 아래로 뾰족하게 내민 머리털을 말한다. 여기에서 제비는 우리가 알고 있는 《흥부전》에 나오는 그 제비다. 제비꽃은 바로 꽃뿔 모양이 제비의 꼬리처럼 생겨 붙인 이름이다.

　지구를 정복한 들꽃이 별꽃이라면 한반도를 점령한 것은 제비꽃이다. 한반도 곳곳에 자리 잡고 사는 제비꽃은 매우 다양한 이름으로 불린다. 그러나 제비꽃은 처음부터 제비꽃이 아니었다. 아주 오래전에는 오랑캐꽃이었고 그 바탕에는 우리의 지리와 역사 이야기가 짙게 깔려 있다.

　제비꽃의 고향은 중국 만주 지역의 오랑캐가 사는 땅이었고 조선시대에는 제비꽃이 필 무렵이면 북쪽 오랑캐가 늘 쳐들어와 우리 선조들은 골머리를 앓았다. 게다가 꽃 밑쪽에 부리처럼 툭 튀어나온 꽃뿔(꽃뿔턱, 꿀샘, 꿀주머니, 거距) 모양은 오랑캐의 머리채를 빼닮았다. 이 정도면 오랑캐꽃으로 안 불리는 것이 이상할 정도다. 제비꽃 학명은 바이올라 만주리카(*Viola mandshurica* W.Becker)인데 여기에서 종소명 만주리카는 바로 '만주 지방의'라는 뜻이다. 이같이 종소명에는 지리적으로 그 식물을 최초로 발견한 지역이나 대표적인 분포지의 지명을 쓰는 경우가 많다.

제비꽃의 또 다른 이름은 앉은뱅이꽃, 병아리꽃, 씨름꽃, 반지꽃, 쌀밥보리밥, 문패꽃, 외나물이다. 내가 살던 강원도 산골에서는 그냥 반지꽃으로 통했다. 앉은뱅이꽃은 민들레처럼 땅에 착 붙어 자란다는 뜻이고, 병아리꽃은 키 작은 병아리들이 양지쪽을 찾아 모여 있는 것처럼 핀다는 의미다. 씨름꽃과 반지꽃은 제비꽃의 꽃뿔 모양에서 얻은 이름이다. 제비꽃의 꽃뿔은 마치 낚싯바늘처럼 휘어져 있어 이 부분을 상대방과 고리처럼 걸어 신나게 씨름 놀이를 할 수 있었고, 그냥 손가락에 끼우면 꽃반지가 되었다. 제비꽃 열매는 소꿉놀이할 때 쌀밥과 보리밥을 만드는 주재료였고 여기에서 '쌀밥보리밥'이라는 이름도 나왔다. 문패꽃은 집 주변에 많다는 뜻이고 외나물은 나물로 무쳐 먹었다는 의미다.

지금의 제비꽃이 공식 명칭이 된 것은 일제 강점기부터다. 이는 일본인들이 이 꽃을 제비와 비슷하다고 본 것에서 비롯되었다고 한다. 제비꽃은 주로 꽃뿔의 모양이나 꽃잎 색으로 구분하는데 보통은 꽃색으로 구분한다. 제비꽃의 색은 흰색에서 자주색까지 다양하지만 뭐니 뭐니 해도 대표색은 보라색이다. 제비꽃을 의미하는 한자어 근(菫)도 그 자체가 보라색이다. 우리가 보통 보라색을 바이올렛이라고 하는데 이는 제비꽃의 보라색에 그 뿌리를 두고 있다.

우리나라에서 제비꽃으로 불리는 종은 공식적으로는 60여 종, 비공식적

제비꽃(포은정몽주선생묘역, 2021.3.18.)
제비꽃의 정체성 중 하나는 짙은 보라색 꽃이다.

흰제비꽃(율동공원, 2020.4.26.)
보라색이 제비꽃의 상징이기는 하지만 가끔 흰제비꽃도 눈에 들어온다.

으로는 100여 종에 이른단다. 뿐만 아니라 지금도 새로운 종이 꼬리를 물고 발표된다. 변종 능력에서는 그 어떤 들꽃도 제비꽃을 따라가지 못할 것 같다. 여기에서 '~종'이란 식물학적 분류체계에서 가장 작은 단위를 말한다. 제비꽃 속의 모든 종은 그 학명에 바이올라(*Viola*)가 먼저 오고 그 뒤에 제 이름이 붙는다. 예를 들어 제비꽃은 *Viola mandshurica*, 콩제비꽃은 *Viola verecunda*, 졸방제비꽃은 *Viola acuminata*, 종지나물은 *Viola papilionacea*다.

우리 주변의 흔한 제비꽃 중 비교적 쉽게 알아볼 수 있는 개체는 콩제비꽃과 졸방제비꽃이다. 콩제비꽃의 잎은 둥글넓적하니 큼지막한 반면 꽃은 상대적으로 작아 콩알만 하다. 그것도 그냥 콩이 아니라 쥐눈이콩이다. 모든 제비꽃 중에서 가장 작은 듯하다. 줄기는 똑바로 서지 않고 옆으로 비스듬히 눕는 경향이 있다. 줄기에 붙어 있는 잎겨드랑이에서 가느다란 꽃대가 올라오고 그 끝에 흰색 꽃이 한 송이씩 핀다. 물론 순백색은 아니고 아래쪽 꽃잎에 자주색 줄무늬가 있다. 사는 장소도 특이해서 습지나 하천가를 좋아한다. 이래저래 개성이 강한 제비꽃 중 하나다.

졸방제비꽃은 일단 키가 크다. 최대 40센티미터까지 자란다. 무엇보다 가장 눈에 띄는 특징은 대부분의 제비꽃은 땅에서 곧바로 꽃대가 올라오지만 졸방제비꽃은 굵은

콩제비꽃(밤골계곡, 2021.4.19.)
잎은 둥글넓적하니 콩잎을 닮았고 꽃은 쥐눈이콩처럼 아주 작다.

원줄기의 잎겨드랑이에서 꽃자루가 나온다는 점이다. 줄기에 어긋나기로 달리는 잎은 둥글넓적하고 끝이 뾰족해서 마치 들깻잎을 보는 것 같다. 잎 크기에 비해 꽃이 상대적으로 작은 것도 특징이다. 그 모습이 너무 독특해서 한번 눈에 넣어두면 언제 어디에서 만나도 단박에 알아볼 수 있다. 졸방이라는 이름은 꽃 모양이 졸뱅이를 닮았다고 해서 붙인 것이다. 졸뱅이는 쌀을 이는 데 쓰는 조리의 지방어다. 그런데 사실 꽃을 아무리 들여다봐도 내가 알고 있는 그 조리를 상상하기는 쉽지 않다. 졸방을 올

졸방제비꽃(밤골계곡, 2021.4.19.)
제비꽃 무리 중에 그 키가 훤칠하게 큰 것이 인상적이다.

망졸망의 지방어 올방졸방에서 찾기도 한다. 올망졸망을 국어사전에서 찾아보면 '작고 또렷한 것들이 고르지 않게 많이 벌여 있는 모양'이라고 되어 있다. 상대적으로 큰 잎들 사이사이에서 작은 꽃들이 피어 있는 모습이 올망졸망으로 보일 수도 있겠다.

　종지나물은 크게 보면 제비꽃 무리이기는 하지만 보통의 제비꽃과는 특징이 조금 다르다. 눈에 띄는 차이점은 여느 제비꽃들에 비해 뿌리잎이 상당히 둥글넓적하고 마치 종지처럼 가장자리가 살짝 오므라져 있다는 것이다. 좀 과장되게 말하자면 그 잎을 떼어내어 물을 받아 마셔도 충분할 정도다. 그래

종지나물(분당천, 2021.3.26.)
둥글고 큼지막한 잎의 한가운데가 오목하게 들어가 있어 정말 종지처럼 보인다.

서 종지나물이다. 제비꽃의 정체성은 꽃에 있지만 종지나물은 잎에 있다고 할 수 있다.

　같은 종지나물이라도 꽃잎의 특성에 따라 프리케아나종지나물, 점박이종지나물 등으로 구분하기도 한다. 프리케아나종지나물은 흰색 꽃잎 바탕에 청자색 줄무늬가 가운데 있다. 북아메리카가 원산이라 미국제비꽃으로도 불린다. 점박이종지나물은 흰색 꽃잎 바탕에 작은 반점들이 수없이 찍혀 있는 것이 특징이다. 그 모양에 빗대어 주근깨제비꽃이라고도 한다. 제비꽃 무리는 워낙 종류가 많다 보니 단순히 그 제비꽃이 처음 발견된 장소를 이름으로 쓰는 경우가 많다. 서울제비꽃, 남산제비꽃, 태백제비꽃 등이 그 좋은 예다.

제비꽃이 이렇듯 종류가 다양하고 개체 수가 많은 이유 중 하나는 단연코 장소를 가리지 않고 퍼져 나가는 강한 번식력 때문이다. 이른 봄에 가장 많이 보이던 제비꽃은 여름이 되면 흔적도 없이 사라진다. 대신 재미있게 생긴 세 갈래 열매 꼬투리가 눈에 들어온다. 타원형의 열매가 익으면 겉껍질이 세 갈래로 쫙 갈라지는데 그 속에 진주알처럼 생긴 갈색 씨들이 마치 옥수수 알갱이처럼 꽉 들어차 있다. 어릴 적 소꿉놀이할 때 상에 올리던 '쌀밥보리밥'이다.

제비꽃 열매는 겉껍질이 열린 직후에 건조, 수축되면서 압력을 최대한 끌어올려 진주 알갱이들을 총알처럼 주변으로 튕겨 날려 보낸다. 이때 최대 사거

서울제비꽃
(남한산성, 2023.4.14.)

태백제비꽃
(남한산성, 2023.4.10.)

리가 2미터에 이른다. 물론 이 분야의 최대 강자는 따로 있다. 남아메리카 정글에 사는 학명이 후라 크레피탄스(*Hura crepitans*)라는 식물이다. 초속 60미터의 속도로 무려 40미터까지 날려 보낸다. 제비꽃이든 크레피탄스든 열매가 일단 열리면 건조, 산포가 속전속결로 이루어진다. 하긴 겉껍질이 벗겨진 상태로 씨앗을 오래 두었다가는 몽땅 누군가의 먹잇감이 될 수도 있으니 서둘러 날려 보내는 것이 상책일 것이다.

제비꽃의 번식력에 또 한몫하는 것이 바로 개미다. 들꽃은 씨앗을 퍼뜨리기 위해 주변에 살고 있는 동물들을 효율적으로 활용한다. 이른바 동물 매개 산포다. 동물을 이용하려면 동물이 좋아하는 열매를 만들어 유혹하는 것이 무엇보다 중요하다. 그래서 제비꽃이나 애기똥풀은 제 씨앗에 엘라이오솜(elaiosome)이라는 물질을 잔뜩 발라 놓았다. 엘라이오솜은 개미들이 애벌레를 키우는 데 필수적인 먹잇감이다. 개미는 이 달콤한 젤리를 먹기 위해 제비꽃 씨앗을 보는 족족 물어간다. 그러나 씨앗 자체가 너무 커서 개미집으로 가져가지는 못하고 일단 문앞에서 엘라이오솜 젤리만 잘라내고 나머지 씨앗은 그냥 입구에 쌓아둔다. 개미집 입구는 제비꽃 씨앗뿐만 아니라 다양한 개미 음식 찌꺼기들이 쌓여 있으니 제비꽃 씨앗이 자라기에 더할 나위 없는 비옥한 텃밭이 된다.

흥미로운 점은 세계의 식물 중 3,000여 종이 그 씨앗에 엘라이오솜을 부착하는 전략을 쓰고 있고, 또 이런 전략을 또 흉내 내는 곤충까지 있다는 사실이다. 바로 대벌레다. 대벌레의 알은 씨앗과 비슷한 형태로 진화하여 그 씨앗에 엘라이오솜처럼 보이는 지방조직을 만들었다. 개미들은 여기에 감쪽같이 속는 것이다.

← 제비꽃 열매(율동공원,
2021.11.5.)
꽃이 지고 나면 그 자리에
자그마한 풋열매가 달린다.

→ 제비꽃 열매(율동공원,
2021.11.5.)
열매가 알맞게 익으면 꼬투
리가 삼각별처럼 갈라지면
서 새로운 세상으로 튀어 나
갈 준비를 한다. 이 씨앗들
에는 개미가 좋아하는 엘라
이오솜이 잔뜩 발라져 있다.

이탈리아 식물학자 페데리코 델피노(Federico Delpino, 1833~1905)는 약 80여 종의 식물이 개미와 상호이익 관계에 있다는 사실을 알아냈다. '개미에 대한 사랑'이라는 뜻의 '미르메코필리(myrmecophily)'는 개미와 다른 종 사이의 긍정적인 관계를 설명하는 단어로 쓰인다.

그런데 최근 흥미로운 조사 결과가 나왔다. 모든 개미가 엘라이오솜만 떼어 먹고 씨앗을 땅속에 안전하게 묻어주는 것은 아니라는 것이다. 바로 마디개미가 그중 하나다. 이 개미는 엘라이오솜만 아니라 열매까지 깡그리 먹어 치우는 습성이 있다. 이렇게 되면 오히려 엘라이오솜은 씨앗을 퍼뜨리는 전략이 아니라 후손을 전멸시키는 '독'이 될 수도 있다. 식물의 입장에서 보면 엘라이오솜이 '자산'이 아니라 '부채'가 될 수도 있게 된 것이다. '개미가 퍼뜨리는 씨앗'이라는 뜻의 '미르메코코리(myrmecochory)'라는 말도 더 이상 유효하지 않을 수도 있다. 개미와 엘라이오솜의 관계가 새로운 진화의 길로 막 들어섰는지도 모르겠다.

제비꽃은 또 하나의 비장의 무기를 숨겨 놓고 있다. 바로 폐쇄화다. 이름 그대로 꽃은 있지만 꽃을 활짝 피우지 않고 꽃봉오리째로 남아 있는 것이다. 이는 번식 환경이 마땅치 않아 꽃을 피우지 못할 경우에 대비해서 꽃이 피지 않은 상태에서도 자체적으로 자가수분을 할 수 있게 설계된 꽃이다. 제비꽃 입장에서 보면 유전적으로 불리한 상황을 알면서도 선택해야 하는 차선책인 셈이나. 사동차로 밀하자면 일종의 예비 타이어다.

산수국과 나무수국

산수국은 넓적한 접시 모양으로 5~10센티미터의 큼직한 꽃송이가 아주 인상적이다. 그런데 이 산수국의 꽃차례(화서花序)는 무척 흥미롭다. 꽃차례란 꽃이 줄기나 가지에 배열하는 모양을 말한다. 꽃차례의 꽃은 진짜꽃(양성화兩性花, 완전화完全花)과 가짜꽃(헛꽃, 중성화中性花, 무성화無性花)으로 구분한다. 진짜꽃은 하나의 꽃 속에 암술과 수술이 함께 있거나 수꽃과 암꽃이 따로 있는 경우를 말한다. 가짜꽃은 암술과 수술이 모두 퇴화하여 없어져 열매를 맺지 못하는 장식용 꽃이다.

산수국은 꽃송이 한가운데에 진짜꽃이 있고 그 가장자리로 가짜꽃을 두르고 있다. 가짜꽃은 진짜꽃보다 훨씬 크고 진짜보다 더 진짜처럼 보인다. 산수국과 만났을 때 우선 눈에 확 들어오는 것은 이 가짜꽃이다. 곤충의 눈에도 마찬가지일 것이다. 이것이 바로 산수국의 생존 전략이다. 산수국의 가짜꽃은 곤충을 불러들이는 역할을 한다.

그런데 한술 더 떠 가짜꽃 뭉치만으로 우리 눈을 사로잡는 녀석도 있다. 바로 수국이다. 수국은 산수국에서 가짜꽃만 피도록 관상용으로 개발한 것이

산수국의 진짜꽃과 가짜꽃(맹산자연생태숲, 2020.6.15.)
꽃차례 한가운데 진짜꽃이 있고 그 주변을 가짜꽃이 빙 둘러싸고 있다.

수국의 가짜꽃(맹산자연생태숲, 2020.6.15.)
수국은 가짜꽃만 피도록 개량한 것이다.

다. 수박으로 치면 씨 없는 수박이다. 산수국은 꽃차례만큼이나 꽃색도 무척 변화무쌍하다. 처음에는 흰색 꽃이 피는가 싶으면 이내 청색으로 변하고 나중에는 붉은색이나 자주색으로 마무리 짓기도 한다. 환경 여건에 따라서도 서로 다른 색의 꽃을 피운다. 토양 성분이 알칼리성이면 적색(분홍색), 산성이면 청색(남색) 쪽으로 기운다.

처음 보는 꽃이나 나무를 만나면 가장 궁금한 것이 이름이다. 눈에 익숙하기는 해도 이름은 낯설다. 식물 이름 찾기는 '스무고개 놀이'와 같다. 스무고개는 한 사람이 특정 사물을 속으로 생각한 뒤, 상대방이 스무 번의 질문을 거쳐 그 '생각'을 알아맞히는 놀이다. 상대방의 질문에 '예, 아니요'로 답을 하며 진행하는데 보통 첫 힌트는 '광물성' 또는 '식물성'으로 시작한다. 넘어야 할 고개 수를 최소한으로 줄이려면 무엇보다 꽃, 줄기, 잎의 모양, 크기, 색 등과 같은 구체적인 현장 정보를 충분히 확보해야 한다.

나의 경우 스무고개 놀이에서 찾아낸 이름 중 하나가 바로 나무수국이다. 처음 이 녀석을 봤을 때 꽃의 형태는 수국이 분명하고 꽃이 나무에 달려 있으니 일단 나무수국임은 어렵지 않게 짐작할 수 있었다. 이것만으로도 스무고개 중 이미 열 고개는 단박에 넘은 셈이다. 그런데 집에 돌아와 참고자료를 뒤적이면서 스무고개 넘기는 열한 고개에서 멈췄다. 애석하게도 내가 수집해온 정보와 문헌상의 나무수국 설명이 일치되지 않았던 것이다.

이럴 때 도움을 받을 수 있는 것이 바로 웹서핑이다. 웹상에는 나와 비슷한 고민을 먼저 시작한 사람들이 애써 연구해서 올린 보물 같은 자료가 여기저기 숨어 있다. 나무수국, 큰나무수국을 한참 검색했더니 역시 몇몇 블로그에서 이 둘을 아주 상세히 비교해 놓았다. 나무수국과 큰나무수국의 가장 큰

나무수국(맹산환경생태학습원, 2020.8.3.)
이 상태에서는 진짜꽃과 가짜꽃을 구별하기 어렵다.

나무수국의 진짜꽃과 가짜꽃(맹산환
경생태학습원, 2020.8.8.)
꽃이 활짝 피면 진짜꽃과 가짜꽃의 본
모습이 드러난다. 아래쪽 큼지막한 것
이 가짜꽃이고 위쪽 자잘한 것이 진짜
꽃이다.

차이점은, 나무수국이 가짜꽃과 진짜꽃이 섞여 있는 것에 반해 큰나무수국은 가짜꽃으로만 되어 있다는 점이다. 이 정도면 이제 열다섯 고개쯤 넘어섰다.

다시 사진들을 자세히 들여다보았다. 그런데 아무리 봐도 진짜꽃은 보이지 않았다. 온통 가짜꽃뿐이다. 결국 내가 본 것은 큰나무수국인 것으로 결론을 내렸지만 아무래도 찜찜했다. 내가 본 꽃차례에는 미처 피어나지 않은 꽃봉오리들이 꽤 있는데 이들 중에 혹시 진짜꽃이 섞여 있는지도 모를 일이었다. 꽃봉오리만으로 진짜와 가짜를 구별할 수 있다는 내용은 어디에도 없으니 더 그런 생각을 하게 되었다.

그래서 다시 열여섯 고개로 넘어가기로 했다. 며칠 뒤 맹산환경생태학습원 꽃밭으로 달려갔다. 좀 더 세밀히 커다란 꽃송이 곳곳을 살폈다. 그런데 웬걸, 큼지막한 가짜꽃 뒤에 숨어 있는 깨알 같은 진짜꽃들이 여기저기 눈에 들어왔다. 지난번에도 사실 진짜꽃이 있었지만 내가 미처 보지 못했을 수도 있었다. 내게는 진짜꽃의 '개념' 자체가 없었기 때문이다.

결국 내가 본 수국은 나무수국인 것으로 최종 결론을 내렸다. 나무수국은 장미목 범의귀과 수국속의 낙엽활엽관목으로 키가 3미터 정도로 자란다. 문헌상에서는 7~8월에 원뿔모양꽃차례에서 백색이나 붉은색의 꽃이 핀다고 되어 있는데, 내가 본 것은 아이보리색에 가까웠다.

고양이 불알과 괴불나무

괴불이라는 괴상한 이름을 달고 있는 식물들이 있다. 어떤 것은 '~괴불나무'이고 또 어떤 것은 '~괴불주머니'다. 하나는 나무이고 또 하나는 풀이다. 괴불을 사전에서 찾으면 어린이들이나 아녀자들이 복주머니 끈 끝에 차던 노리개라고 나온다. 그런데 그 기원은 흥미롭게도 '고양이(괴) 음낭(불)'으로 거슬러 올라간다. 괴불나무라는 이름은 꽃과 열매 모양이 '괴불'을 닮았기 때문에 붙인 것으로 알려져 있다. 그러나 실제로는 꽃보다 열매 모양에서 그 연관성이 더 커 보인다. 괴불나무류의 꽃이 지고 난 다음 콩알만 한 열매 두 개가 한 쌍을 이루어 붉게 여물어가는 모습이 '고양이 불알'을 연상하기에 충분하다.

그러나 괴불주머니로 넘어가면 이야기는 달라진다. 같은 괴불이라는 이름이 붙었지만 괴불주머니류의 식물에는 고양이 불알을 연상시키는 열매가 열리지 않는다. 다만 '종달새'를 닮은 꽃뿔(spur)이 눈에 확 들어온다. 꽃뿔은 꽃 뒤쪽에 길게 발달한 부분이다. 이런 종류의 식물명에 공통으로 들어간 코리달리스(*Corydalis*)는 '종달새를 닮았다'는 뜻의 그리스어이다. 이렇게 보면 괴불주머니는 괴불나무와는 달리 고양이 불알보다는 순수하게 노리개로서의 괴불이 강조된 것으로 보는 것이 타당할 듯하다.

꽃뿔은 식물의 생태 특징을 규정하는 대표적 요소 중 하나다. 꽃받침이나 꽃부리의 일부가 길고 가늘게 뒤쪽으로 돌출된 것으로, 속이 비어 있거나 꿀이 들어 있다. 꽃뿔의 모양이나 길이는 식물마다 다르다.

꽃뿔 이야기를 할 때 마다가스카르에서만 산다는 '다윈의 난초'를 빼놓을 수 없다. 학명은 앙그라이쿰 세스퀴페달레(*Angraecum sesquipedale*)다. 이 난초가 유명해진 것은 무려 길이가 30센티미터나 되는 꽃뿔 때문이다. 다윈은 이 난초의 긴 꽃뿔을 보면서 분명 그 긴 꽃뿔 속의 꿀을 빨아 먹을 수 있을 만큼 주둥이가 기다란 곤충이 어딘가에 존재할 것이라고 믿었다. 당시 주변 사람들은 이 말에 코웃음을 쳤지만 결국 다윈이 죽은 뒤 얼마 지나지 않아 크산토판속의 박각시나방류인 크산토판 모르가니(*Xanthopan morganii*)가 실제로 이 꽃에 찾아와 꿀을 빨아 먹는 것이 관찰되었다. 이후 둘의 관계는 꽃과 곤충 간의 공진화(共進化, coevolution)를 설명하는 대표적인 사례가 되었다. 공진화는 둘 이상의 생명체가 서로 상호관계를 통해 밀접하게 영향을 주고받으며, 함께 진화하는 것을 말한다.

괴불나무는 인동과 인동속의 낙엽활엽관목이다. 인동속 나무들은 그 꽃만 뚝 떼어서 늘어놓으면 구별하기가 여간 어려운 일이 아니다. 처음에 꽃이 필 때는 위쪽 하나, 아래쪽 하나로 꽃잎이 갈라지는데 조금 시간이 지나면 위쪽 꽃잎은 다시 4쪽으로 갈라져 꽃잎이 모두 5장이 된다. 괴불나무 꽃은 보통 두 송이가 한 쌍인 것이 특징이다. 그래서 가을에 빨갛게 열리는 열매도 사이좋게 2개씩 짝지어 달린다.

괴불이라는 이름이 들어간 나무로는 올괴불나무, 괴불나무, 각시괴불나

올괴불나무(밤골계곡, 2021.3.9.)
올괴불이라는 이름에 걸맞게 봄이 되기가 무섭게
마른 가지에 일찌감치 꽃을 피운다.

올괴불나무 열매(인천수목원, 2023.4.21.)

무, 섬괴불나무 등이 있다. 올괴불나무는 '일찍 꽃이 피는 괴불나무'라는 이름처럼 3월쯤 일찌감치 꽃이 핀다. 우리나라 자생 낙엽활엽수 중 봄에 가장 먼저 꽃을 볼 수 있는 나무 중 하나다. 뿐만 아니라 꽃이 붉고 아래로 고개를 푹 숙이고 있어 다른 나무들과 쉽게 구별된다. 꽃대가 길쭉한 각시괴불나무 역시 크게 헷갈리지 않는다.

　문제는 괴불나무와 섬괴불나무다. 두 나무는 봄철 거의 같은 시기에 꽃이 피고 꽃 모양도 매우 비슷하다. 이전에는 섬괴불나무를 울릉도와 같은 특별한 지역에 자생하는 나무로 생각했지만 지금은 정원이나 공원용 조경수로 널리 보급되어 있다. 괴불나무와 섬괴불나무를 구별하는 가장 쉬운 방법은 꽃의 배열 상태를 관찰하는 것이다. 괴불나무는 가지 마디를 따라 꽃이 피기 때문에 꽃들이 옆으로 길게 열을 지어 있는 듯한 모양을 띤다. 이에 대해 섬괴

괴불나무(밤골계곡, 2021.4.28.)   괴불나무 열매(인천수목원, 2022.9.13.)

불나무는 줄기 끝을 따라 꽃이 피기 때문에 꽃들이 나무 전체에 고르게 퍼져 있다는 느낌을 준다. 이 세상에는 조금 거리를 두고 바라보아야 오히려 그 속이 제대로 보이는 것들이 꽤 있다.

괴불나무 이야기를 하면서 빼놓으면 섭섭해하는 꽃나무가 하나 또 있다. 길마가지나무다. 이름은 전혀 다르지만 엄연히 인동과에 속하는 나무로 꽃이나 열매 모양이 특히 올괴불나무를 쏙 빼닮았다.

길마가지나무는 키가 3미터까지 자라는 낙엽활엽관목이다. 이른 봄에 잎이 나오면서 동시에 흰색 또는 연분홍색 꽃이 2송이씩 모여서 핀다. 열매 역시 두 개가 모여 달리는데 두 열매는 올괴불나무와는 달리 거의 붙어 있다시

섬괴불나무(율동공원, 2021.5.7.)
줄기 끝을 따라 꽃이 피기 때문에 꽃들이 넓게 퍼져 있다는
느낌을 준다.

섬괴불나무 열매(율동공원, 2021.6.30.)
괴불나무 종류는 열매도 대부분 2개씩
쌍을 이룬다.

피 한다. 이것이 바로 길마가지나무의 정체성이다. 나무 이름도 그 열매가 붙어 있는 모양이 '길마가지'를 닮았다고 한 데서 비롯된 것으로 알려져 있다. 길마가지는 길마를 만들기 좋도록 말발굽 모양으로 구부러진 나뭇가지를 가리킨다. 길마는 말이나 소의 등에 짐을 싣기 위해 얹는 안장이다. 정리하면 '길마를 만들기 좋은 나뭇가지처럼 생긴 열매'라는 뜻에서 길마가지나무라는 이름이 탄생한 것이다.

그러면 길마가지나무와 올괴불나무는 무엇이 다를까. 가장 큰 차이는 올괴불나무는 꽃이 먼저 피고 잎이 나중에 나온다는 점이다. 또 한 가지, '꽃밥(꽃가루)'의 색도 대비된다. 100퍼센트는 아니지만 대개 길마가지나무는 노란색

길마가지나무(인천수목원, 2023.3.23.)　　　　　　　길마가지나무 꽃(인천수목원, 2023.3.23.)

이고 올괴불나무는 분홍색이다. 이들의 꽃밥 모양을 흔히 '꽃신'에 비유하고는 하는데, 말하자면 길마가지나무는 '노랑 고무신', 올괴불나무는 '분홍 고무신' 이다.

괴불주머니와 현호색

괴불주머니류의 식물은 그 꽃 모양이 노리개로서의 괴불주머니를 닮았다고 해서 붙인 이름이지만 실제로 꽃을 들여다보고 있으면 '노리개'보다는 '종달새'가 먼저 떠오른다.

우리 주변에서 흔히 보이는 괴불주머니류는 자주괴불주머니, 산괴불주머니, 염주괴불주머니 등이다. 자주괴불주머니는 이름 그대로 꽃이 자주색이라 쉽게 구별이 되는데, 다른 둘은 모두 노란색 꽃이 피기 때문에 상당히 헷갈린다.

산괴불주머니와 염주괴불주머니를 구별하는 데는 대략 네 가지 정도의 기준이 적용된다.

장소

지리적으로 산에서 자라는 것을 산괴불주머니, 바닷가에서 자라는 것을 염주괴불주머니라고 본다. 그러나 최근에는 내륙지역에서도 염주괴불주머니가 관찰되고 있어 그 기준이 애매한 면이 있다. 갯괴불주머니는 염주괴불주머니의

자주괴불주머니(분당천, 2021.4.15.)
꽃이 자주색으로 핀다.

자주괴불주머니(맹산자연생태숲, 2021.4.18.)

변종으로 알려졌다.

꽃차례

같은 총상꽃차례이지만 그 배열이 살짝 다르다. 꽃들이 주먹 모양으로 뭉쳐서 피는 것이 산괴불주머니, 마치 금낭화처럼 일렬로 늘어서 피는 것이 염주괴불주머니다.

암술머리

수꽃의 꽃가루를 받아들이는 암꽃의 머리 부분, 즉 암술머리(주두, stigma)의 구조도 다르다. 산괴불주머니는 암술머리가 'ㅡ 자형'으로 평평한 데 비해 염주괴불주머니는 'Y 자형'이다.

산괴불주머니(분당천, 2021.4.30.)
노란색 꽃이 피면서 줄기나 잎을 문질렀을 때 특별한 냄새가 나지 않으면 산괴불주머니다.

냄새

줄기나 잎을 잘라 문질러 보면 산괴불주머니는 별 냄새가 없지만 염주괴불주머니는 꽤 불쾌한 냄새가 난다. 식물에게 미안하기는 하지만 현장에서 확인할 수 있는 가장 확실한 방법이기는 하다.

　이름은 전혀 다르지만 괴불주머니류를 빼닮은 들꽃이 또 하나 있는데 바로 현호색(玄胡索)이다. 그런데 이 현호색은 자주괴불주머니와 꽃의 모양과 색깔이 무척 비슷하다. 이 둘을 구별하는 가장 확실한 기준은 땅속 덩이줄기가 있고, 없음이다.

현호색류는 땅속 덩이줄기가 있지만 괴불주머니는 없다. 땅속을 파헤치는 것이 미안하면 키를 비교해보면 된다. 괴불주머니는 50센티미터 내외까지 크게 자라지만 현호색은 20센티미터 내외에 그친다. 괴불주머니가 현호색보다 두 배나 크다. 그렇다고 해서 줄자로 일일이 재볼 필요는 없다. 나의 경우 손한 뼘 길이가 20센티미터이고 종아리 길이는 50센티미터 정도다. 꽃 피는 시기도 조금 다르다. 같은 장소라면 현호색이 괴불주머니류보다 먼저 꽃이 피고 현호색이 사라질 무렵 괴불주머니류가 등장하는 경향이 있다.

현호색이라는 이름은 약재로 쓰이는 이 식물의 땅속 덩이줄기를 현호색이라고 한 것에서 비롯된다. 그 유명한 국민 소화제 '활명수'의 기본 재료가 바로 현호색이란다. 현호색의 이름은 덩이줄기의 겉이 검은색이고(현) 주된 산지가 호국, 즉 북방 오랑캐 지역(호)이며 새싹이 묶인 듯이 꼬이는 모양(색)이라는 의미가 합쳐진 것으로 알려져 있다. 현호색의 학명인 코리달리스(*Corydalis*)는 꽃 모양이 '종달새'를 닮았다는 뜻이니 현호색의 한자적 의미와는 거리가 멀다. 그리고 보니 총상꽃차례에 매달려 있는 꽃들이 종달새 무리가 가지에 모여 재잘거리는 풍경이 연상되기도 한다. 발음하기도 어려운 현호색 대신 '종달새꽃'이라 불러주는 것도 좋지 않을까 싶다.

현호색은 낙엽이 쌓인 약간 축축한 땅에서 잘 자란다. 2020년 3월의 어느 날 오후 밤골계곡을 산책하면서 우연히 참나무류 잎들이 두텁게 쌓인 양지쪽 사면에서 현호색을 발견했다. 이제 막 싹을 틔워 꽃 몇 송이씩을 달고 있는 녀석들이다. 그런데 꽃 모양이나 색 그리고 잎 모양이 다 제각각이다. 현호색은 우리나라에서 자생하는 식물 중 그 변이종이 많은 식물로 알려져 있다.

↑ **점현호색 변종**(밤골계곡, 2021.3.30.)
우리나라 자생식물 가운데 변이종이
많은 것 중 하나가 현호색이다.

← **현호색**(밤골계곡, 2021.3.24.)
현호색류는 이른 봄에 땅이 녹자마자
꽃을 피우고 철저하게 봄에만 살다
간다.

심지어 같은 현호색속이면서 이름은 '~괴불주머니'로 불리는 종도 있어 더 혼란스럽고 복잡하다. 당분간 '현호색류' 정도로만 알고 있는 것이 속 편할 듯하다.

현호색은 봄꽃의 대명사다. 그러나 그냥 봄에 꽃이 피는 꽃이라는 의미만이 아니다. 현호색은 언 땅이 녹으면 재빠르게 꽃을 피우고 한 달 정도 살다가 여름이 오기 전에 바로 열매를 맺는다. 그리고 그 흔적을 어느 곳에도 남기지 않는다. 여느 식물들이 봄이나 여름에 꽃이 피고 가을에 열매를 맺는 것과는 달라도 많이 다르다. 철저하게 봄에만 살다 간다. 그래서 남보다 바지런하지 않으면 또다시 현호색을 보려면 1년을 기다려야 한다.

들현호색(밤골계곡, 2021.4.22.)
여느 현호색보다 한 박자 늦게 꽃을 피우고 색도 붉은색에 가깝다.

물론 우리에게 한 번 더 기회를 주는 현호색이 있기는 하다. 보통의 현호색들보다 한 박자 늦게 꽃을 피우는 들현호색이다. 현호색 무리 가운데 이 녀석은 아주 개성이 강하다. 여느 현호색류의 꽃이 자주색인 데 비해 들현호색은 붉은색을 띤다. 가장자리에 톱니가 있는 타원형 잎도 독특하다. 현호색류는 대체로 반그늘을 좋아하지만 들현호색은 양지를 선호한다. 그래서 이름만 현호색이지 완전히 다른 종 같은 인상을 준다. 들꽃들의 세상은 그 깊이를 모르겠다.

계란꽃 삼형제

흔히 '계란꽃(달걀꽃)'으로 불리는 꽃들이 있다. 국화과의 꽃들은 대개 노란색의 대롱꽃과 흰색의 혀꽃으로 구성되어 있는데 노란색과 흰색의 대비가 마치 계란 프라이 같다고 해서 붙인 이름이다. 망초류, 쑥부쟁이류, 민들레류, 고들빼기류, 씀바귀류 등은 대표적인 국화과의 들꽃인데 이 중에서도 망초류의 봄망초, 개망초, 주걱개망초를 흔히 계란꽃 삼형제라 한다. 흥미롭게도 망초류를 대표하는 식물은 사실 망초가 아니라 바로 이들 계란꽃 삼형제이다. 망초는 망초류 중에 살짝 소외되어 있는 듯한 느낌이다. 망초는 크기에 비해 꽃이 자잘하고 잎은 아주 가늘며 줄기와 잎에 털이 많은 것이 특징이다. 이와 비슷한 것이 실망초와 큰망초다.

망초 이름의 기원에 대해서는 이견이 있지만 대체로 망국초(亡國草)에서 비롯된 것으로 본다. 망초는 북아메리카 원산으로 조선 말 개항기에 국내로 들어와 전국으로 퍼져 나간 식물이다. 귀화식물이 들어와 일단 자리를 잡으면 다시 2차 전파가 시작되는데 이는 주로 사람이나 교통로를 따라 느리게 또는 빠르게 진행된다. 망초가 전국으로 빠르게 흩어지게 된 것은 이 식물이 우리나라에 들어올 즈음에 철도가 놓이기 시작했기 때문이다. 그러니 망초는 자연스럽게 철로 주변을 따라 뿌리를 내리게 되었고 이런 연유로 초기에는 철도풀이라고도 불렀다.

이 망초는 번식 속도가 워낙 빠르고 어떤 환경이라도 잘 적응하는 특성 때문에 전국의 농경지를 무지막지하게 잠식해 들어갔다. 그러니 농업이 주요한 생업 수단이었던 당시로서는 나라를 망치게 한다는 의미의 망국초 또는 망초가 자연스럽게 이 식물의 꼬리표가 되었을 것이다. 게다가 이 시기는 마침 묘하게 일제 강점기의 시작점과 겹친다. 망초라는 이름이 민간인들 사이에서 자연스럽게 뿌리를 내리는 데 결정적 영향을 주었던 것이다. 보잘것없는 식물 이름 하나에 우리 역사의 큰 토막 하나가 들어 있는 것이다. 문화는 역사의 산물이다.

계란꽃 삼형제는 비슷하기는 하지만 생태 습성이 조금씩 다르다. 개망초와 주걱개망초가 두해살이풀이라면 봄망초는 여러해살이풀이다. 봄망초와 개망초는 북아메리카, 주걱개망초는 유럽에서 들어왔다. 개망초와 주걱개망초가 여름~가을꽃이라면 봄망초는 이름 그대로 봄꽃이다. 꽃피는 시기가 다르니 봄망초는 쉽게 구별된다.

셋을 같은 자리에 놓고 보면 꽃, 잎, 줄기 등의 생태 특성이 분명하게 드러난다. 개망초와 주걱개망초가 흰색에 가까운 꽃이 피는 데 비해 봄망초는 흰색 또는 분홍색 꽃이 핀다. 한눈에 분홍빛이 감도는 것은 대개 봄망초다. 봄망초는 꽃 지름이 2.5센티미터로 셋 중에서 가장 크고 개망초는 2센티미터, 주걱개망초는 1.5센티미터 정도로 셋 중 가장 작다. 혀꽃 수도 차이가 크다. 개망초와 주걱개망초는 혀꽃이 100~120장 정도인 데 비해 봄망초는 무려

봄망초(율동공원, 2021.5.7.)
꽃이 크고 꽃잎이 풍성하고 살짝 분홍빛이 돌면 대개 봄망초다.

개망초(탄천, 2020.5.23.)
개망초와 주걱개망초는 흰색에 가까운 꽃이 피고 꽃잎도 봄망초만큼 풍성하지 않다.

주걱개망초(밤골계곡, 2020.10.8.)
봄망초와 개망초에 비해 잎이 작고 돌기가 없이 밋밋한 것이 특징이다.

400장에 이른다. 3배 이상 많으니 일일이 세어 볼 필요도 없다. 사람으로 말하면 머리숱이 많은 게 봄망초다. 꽃잎 수가 영 헷갈리면 줄기를 잘라 보면 된다. 봄망초는 여느 녀석들과는 달리 줄기 속이 대롱처럼 텅 비어 있다. 줄기 자르기가 미안하면 그냥 손가락으로 살짝 눌러보기만 해도 느낌이 온다. 잎도 다르다. 봄망초와 개망초는 잎에 돌기 모양의 톱니가 발달해 있지만, 주걱개망초는 이들보다 잎이 작으면서 그냥 밋밋하다.

계란꽃 삼형제는 각자 좋아하는 지리 환경도 조금씩 다르다. 봄망초는 인간의 생활환경과는 조금 거리를 둔 약간 습한 땅에서 잘 자란다. 지리적으로 보면 대륙성기후보다는 해양성기후를 선호한다. 우리나라는 전국적으로 개망초가 가장 많이 관찰되지만 일본에서는 개망초만큼이나 봄망초를 흔하게 볼 수 있다.

개망초는 대표적인 이스케이프 잡초(escape weed) 중 하나다. 사람이 정성껏 돌봐주는 꽃밭이 답답해 뛰쳐나온 들꽃이란 뜻이다. 개망초는 원래 북아메리카 필라델피아 들판에서 자라던 야생화를 원예용으로 들여온 식물이다. 당시 이름은 '핑크플리베인'이었고 이후에는 왜풀, 망국초, 계란꽃, 개망풀, 넓은잎잔꽃풀 등으로도 불렸다. 왜풀은 일본을 통해서 들어왔다는 의미이고, 망국초는 이 풀이 들어올 무렵 나라가 망했기 때문에 붙인 이름이다. 개망풀은 북한에서 불리는 명칭이다.

이렇게 다양한 이름으로 불리는 것은 전국 어느 곳에서나 가장 흔하게 볼 수 있기 때문이다. 워낙 번식력이 강해 농사를 짓는 이들에게는 이보다 밉상이 없지만 야산에 흐드러지게 핀 개망초는

개망초 잎(탄천, 2020.5.23.)
봄망초와 개망초는 잎에 돌기가 있는 것으로 주걱개망초와 구별한다.

무척이나 아름다운 풍경을 연출한다. 꽃은 5월부터 피기 시작해 10월경까지 이어진다. 최대 1미터까지 곧게 자라는 줄기 끝에서 여러 개의 꽃대가 나오는데 꽃송이는 지름이 2센티미터로 아주 작아 눈에 잘 띄지 않는다. 꽃이 작기 때문에 무리 지어 있어야 그 존재감이 더 돋보인다.

식물에는 아주 특별한 재주가 있다. 씨앗의 안전을 위해 '헛씨방'을 만드는 것이다. 인간과는 달리 새로 자라는 식물의 배에는 무균 상태의 씨방이 없다. 그래서 식물은 발아가 시작되는 순간 이제 막 생겨난 연한 뿌리 주변에 화학물질을 방출해 씨방을 닮은 안전지대를 만든다. 개망초는 대략 6~10가지의 서로 다른 마트리카리아 에스테르(matricaria ester)와 라크노피룸 에스테르(lachnophyllum ester) 화합물을 방출해 인위적 씨방을 만드는 것으로 알려졌다. 정말 알다가도 모르는 것이 식물들의 세계다.

개망초 무리(탄천, 2021.6.5.)
우리 주변에서 가장 많이 보이는 것이 개망초다.

주걱개망초는 흰색 꽃이 7~9월에 집중적으로 피지만 10월까지 이어지기
도 한다. 지리적으로 보면 개망초와 주걱개망초가 사는 환경이 같은 듯 다르
다. 개망초는 그 어떤 환경에서도 잘 자라고, 특히 열악한 자연조건도 거침없
이 극복하는 데 반해 주걱개망초는 땅을 가리는 편이라 도시 근교 및 마을 근

처에서 주로 관찰된다. 도시 산책로에서 발견되는 것은 대개 주걱개망초일 확률이 높다.

흐드러진 망초 꽃밭에 앉아 있노라면 다양한 곤충들이 쉴새 없이 날아든다. 그중 가장 눈에 띄는 녀석 중 하나가 큰주홍부전나비다. 부전나비 중에서 날개가 붉고 몸집이 크다는 뜻이다. 부전나비는 예전에 여자아이들이 차던 노리개의 하나인 '부전'을 닮았다고 해서 붙인 이름이다. 색 헝겊을 둥근 모양이나 병 모양으로 만들어서 두 쪽을 맞대고 수를 놓거나 다른 색의 헝겊으로 알록달록하게 대기도 하여 끈을 매어 차고 다닌 노리개가 부전이었다.

큰주홍부전나비는 한반도에서는 중·북부 지방에 주로 분포하고 남한에서는 경기도, 강원도, 충남 서해안 지역 일대에서 부분적으로 관찰된다. 같은 지역이라도 깊은 숲속보다는 하천이나 논처럼 물기가 많은 곳에서 주로 살아간다. 이들의 애벌레가 소리쟁이 같은 마디풀과 식물을 주로 먹고 자라기 때문이다. 어른 나비도 하천가 풀밭의 개망초, 여뀌, 민들레꽃을 따라 여기저기 날아다니며 꿀을 빨아 먹는다. 5~10월경에 볼 수 있는데 1년에 삼대까지 출현한다.

주홍나비이기는 하지만 날개 윗면과 아랫면의 색이 다르다. 윗면은 전형적인 주홍색이지만 아랫면은 연노랑 바탕에 검은색 점들이 규칙적으로 배열되어 있다. 대개의 나비처럼 날개를 접고 있는 모습과 편 모습이 전혀 다르다. 날개를 접으면 윗면은 안으로 들어가 안 보이고 아랫면만 옆에서 보이기 때문이다. 나비는 그래서 사진만 놓고 보면 늘 헷갈린다.

주홍색이 큰주홍부전나비의 정체성이기는 하지만 이는 수컷에 해당하는 것이고 암컷은 주홍색 바탕에 검은색이 절반 이상 차지하고 있어 사실 주홍나비라고 하기 어려울 정도다. 나비도 역시 수컷이 훨씬 화려하다. 내가 개망

개망초 꽃밭의 큰주홍부전나비 수컷
(탄천, 2020.10.5.)
붉은색의 화려한 날개라면 수컷, 약간 어두운
색이라면 암컷이다.

초 꽃밭에서 만난 건 큰주홍부전나비 수컷이다. 나비류는 모두 낯가림이 심해서 처음엔 접근하기가 쉽지 않다. 그러나 조금만 참을성 있게 기다리면 이내 친해져 렌즈를 코 앞에 들이대도 꼼짝도 하지 않는 것 또한 나비의 특성이기도 하다.

개망초를 찾아오는 곤충 중에는 개망초가 반기지 않는 녀석들도 꽤 있다. 그중 하나가 남색초원하늘소다. 이 녀석들은 개망초와 같은 국화과 식물의 잎이나 줄기를 먹고 사는데 암컷은 특히 개망초 줄기를 찢고

그 안에 노란색 알을 낳는다. 그러고는 감쪽같이 꿰매 완벽하게 은폐시킨다. 그 뒤 알에서 부화한 유충은 개망초 줄기 속을 파먹으며 자란 뒤 땅으로 기어 내려와 번데기가 된다. 알이 부화하여 자라기 시작하는 시점부터 개망초 줄기 위쪽으로는 당연히 수액이 공급되지 않으니 위쪽 꽃대가 서서히 시들 수밖에 없다. 유독 고개를 푹 수그리고 있는 개망초 꽃대가 있다면 이는 십중팔구 남색초원하늘소 짓이라고 보면 된다. 남색초원하늘소에게 개망초는 후손을 퍼뜨리기 위한 귀중한 기주식물이지만 개망초 입장에서는 남색초원하늘소가 기피 곤충 1호인 셈이다.

고들빼기와 씀바귀

　우리 주변에서 가장 헷갈리는 들꽃 둘을 고르라면 생각할 것도 없이 고들빼기와 씀바귀다. 둘을 나란히 놓고 보고 있으면 확실한 차이가 나지만, 따로 떼어 놓고 보면 또 아리송해지는 식물이 바로 고들빼기와 씀바귀다. 눈에 띄는 분명한 차이점들이 있음에도 그렇다. 이는 두 들꽃이 문화적, 정서적으로 하나의 범주로 묶여 있기 때문일 것이다.

　식물학적 차이는 분명하다. 상대적으로 키가 80센티미터 정도로 큰 것이 고들빼기, 50센티미터 정도로 그보다 작은 것이 씀바귀다. 고들빼기 잎은 타원형이고 줄기에 하나씩 매달려 있지만, 씀바귀 잎은 가늘고 길며 줄기 아래쪽에 소복하게 모여 있다. 고들빼기 꽃은 상대적으로 작고 약간 허술해 보이는 데 비해 씀바귀 꽃은 조금 더 크고 야무지게 꽉 차 있다는 느낌이 든다. 꽃으로 구별하는 확실한 방법은 수술 색을 비교해보는 것인데 고들빼기는 노란색, 씀바귀는 검은색에 가깝다.

고들빼기

고들빼기는 '들판에 사는 쓴맛의 풀'이라는 뜻이다. 어원으로 보면 '고(苦)'와 '들박이'가 합쳐진 것으로 본다. 고들빼기의 다른 이름이 바로 쓴나물이며, 대궁을 자르면 흰 즙이 나오기 때문에 젖나물이라고도 한다. 고들빼기의 속명 크레피디아스트럼(*Crepidi astrum*)은 크레피디(*crepidi*. 그리스어로 '장화'라는 뜻이며 나도민들레속의 속명이기도 하다)와 아스트럼(*astrum*. 열등함, 불완전하게 비슷함)의 합성어로 '나도민들레속'과 비슷하다는 뜻이고, 종소명 손키폴리아(*sonchifolia*)는 '귀 모양'의 방가지똥속(*Sonchus*)의 잎을 닮았다는 뜻의 라틴어다. 실제로 잎을 들여다보면 잎자루 없이 줄기를 완벽하게 감싸고 있는 모양새가 영락없는 귀 모양이다. 잎의 크기는 줄기 위쪽으로 갈수록 작아진다. 고들빼기는 5월부터 10월까지 자줏빛을 띤 긴 줄기 위쪽에 여러 개의 꽃대가 나와 작고 앙증맞은 노란색 꽃이 핀다. 우리가 봄나물로 즐겨 먹는 고들빼기는 꽃이 피기 전에 올라온 어린싹이다.

고들빼기 가족 중에는 이고들빼기, 왕고들빼기가 있다. 이고들빼기는 고들빼기와 달리 잎이 타원형의 '주걱 모양'이면서 자잘한 톱니가 불규칙하게 발달해 있다. 꽃은 고들빼기보다 한 박자 늦게 8월부터 피기 시작한다. 이고들빼기라는 이름은 혀꽃의 꽃잎 끝이 사람의 이(齒치)처럼 생겼다고 해서 붙인 것으로 알려졌다. 고들빼기가 봄·여름꽃이라면 이고들빼기는 여름·가을꽃이다. 이고들빼기는 꽃이 지고 난 후의 모습도 아주 독특하다. 꽃이 필 때는 꽃대가 똑바로 서 있지만 꽃이 시든 후에는 하나같이 고개를 푹 떨군다. 이는 한정된 에너지를 꽃대를 세우는 데 쓰기보다 열매를 맺는 데 몰아 쓰기 위한 전략으로 설명된다. 이 덕분에 이고들빼기는 고들빼기에 비해 훨씬 열악한 환경

1 2

1 고들빼기(탑골공원, 2020.5.17.)
2 고들빼기 잎(밤골계곡, 2020.5.16.)
  귀 모양의 잎이 줄기를 완벽하게 감싸고 있다.

3

3 고들빼기 꽃(밤골계곡, 2020.5.16.)

이고들빼기(밤골계곡, 2020.9.16.)
꽃이 시든 후에는 하나같이 꽃송이들이
고개를 아래로 푹 떨구고 있다.

에서도 잘 살아간다. 고들빼기속은 원래 산지형(山地形)이긴 하지만 고들빼기는 전원적인 농촌형, 이고들빼기는 삭막한 도시형쯤 된다.

왕고들빼기의 다른 이름은 쌔똥이다. 쌈 채소를 강조할 때 쓰이는 이름인데 우리 어릴 적 강원도 산골에서는 쌔똥이 '표준어'였다. 왕고들빼기 잎은 넓고 여러 갈래로 갈라지는데 가끔 잎이 가늘고 밋밋한 녀석이 눈에 띈다. 이는 가는잎왕고들빼기라고 해서 따로 구분하기도 하지만 대개 둘은 같은 종으로 취급한다.

왕고들빼기는 그 이름만 놓고 보면 고들빼기의 한 종으로 생각되지만 사실은 '상추'에 더 가깝다. 중국 명칭 산와거(山萵苣)도 '야생상추'라는 의미다. 식물분류학적으로 같은 국화과 식물이면서 고들빼기는 뽀리뱅이속, 왕고들빼기는 상추속이니 그 족보가 전혀 다르다. 문화적으로 보나 식물학적으로 보나 어쨌든 지금 우리가 즐겨 먹는 상추가 재배작물로 외국에서 들어오기 전에는 이 왕고들빼기 잎을 즐겨 먹었을 것으로 짐작된다.

그러면 왜 이 왕고들빼기에 상추가 아니라 고들빼기라는 이름을 붙였을까. 바로 쓴맛 때문이다. 고들빼기와는 비교되지 않을 정도로 쓴맛이 강해 '왕' 자까지 더했다. 고들빼기의 정체성이 쓴맛이라는 것을 다시 한 번 확인하는 대목이다. 왕고들빼기는 키도 2미터까지 자란다. 그러니 왕이라는 이름이

부끄럽지 않다. 키가 크다는 것은 그만큼 빨리 자란다는 뜻인데 그러다 보니 미처 속을 채울 틈이 없어 줄기 속이 텅 비어 있다. 왕고들빼기 꽃은 7~9월에 연노란색으로 핀다. 식물학적으로는 노란꽃으로 분류하지만, 사실 노란색 같으면서도 전체적으로는 흰색 느낌이 난다. 긴 꽃대를 따라 꽃이 한두 송이씩 피고 지기를 반복해서 오랫동안 꽃을 감상할 수 있는 것도 특징이다.

왕고들빼기(포은정몽주선생묘역, 2020.9.27.)
키가 크고 연노란색 꽃이 핀다.

씀바귀

국화과 꽃의 특징은 대롱꽃과 혀꽃으로 이루어진 두상화인데 흥미롭게도 씀바귀류는 모두 혀꽃으로만 되어 있다. 열매 위에 달려 있는 털 뭉치, 즉 관모의 색도 순백색이 아니다. 관모는 '풍매 산포'를 하는 식물의 씨앗이 바람에 의해 잘 날려가도록 만든 장치다.

　씀바귀라는 이름을 달고 있는 들꽃으로는 씀바귀, 선씀바귀, 노랑선씀바귀, 벌씀바귀가 있고, 또 씀바귀와 비슷한 뽀리뱅이까지 있어 이들을 구별하기가 그리 수월하지는 않다. 그나마 씀바귀는 비교적 특징이 뚜렷해 어렵지 않게 골라낼 수 있다. 우선 씀바귀는 혀꽃이 5~8장밖에 안 되어 전체적으로 여느 씀바귀에 비해 상대적으로 허술해 보인다. 내가 밤골계곡에서 만난 씀바귀

쏨바귀(밤골계곡, 2021.5.25.)
쏨바귀는 혀꽃이 얼마 되지 않아 상대적
으로 허술해 보인다.

의 혀꽃은 그 끝이 마치 톱니처럼 5갈래로 갈라져 있고 그 톱니들이 빨간색으로 물들어 있어 눈에 더 확 들어왔다. 마치 손톱에 봉숭아 물을 들인 듯한 모습이다. 이것도 종족 번식을 위한 일종의 '허니 가이드(honey guide, 꿀샘 유도선. 꽃에서 꿀이 분비되는 부위가 다른 부위와 구별되는 빛깔이나 반점 따위를 띠어 다른 부위와 특별하게 보이도록 배치하는 현상)'일지도 모른다. 이러한 '톱니'는 줄기잎에서도 관찰된다. 쏨바귀의 학명에는 덴타툼(*Dentatum*)이라는 단어가 있다. 잎 가장자리가 '이빨 모양'이라는 의미인 라틴어 덴타타(dentata)에서 비롯된 것이다. 중국에서는 쏨바귀를 아예 치연고채(齒緣苦菜)라고 하는데, 이는 덴타타를 중국식으로 표현한 것이다.

보통 쏨바귀 줄기잎은 전형적인 바소꼴 또는 피침형이라는 어려운 말로 표현한다. 식물 공부를 시작하면서 그동안 수십 차례 접한 단어이지만 여전히 낯설다. 바소꼴은 이름 그대로 '바소를 닮은 모양'이라는 뜻으로 사전에 바소는 '곪은 상처를 째는 침'으로 되어 있다. 바소는 침의 일종이니 한의원에서 쓰였을 법하지만 지금은 그 흔적을 찾기 어렵다. 그 대신 바소에서 비롯된 바소꼴이라는 식물 용어로 살아남아 있다. 사전에서 바소꼴은 '식물의 잎 모양을 나타내는 말로, 가늘고 길며 끝이 뾰족하고 중간쯤부터 아래쪽으로 약간 볼록한 모양'으로 풀이되어 있다. 《식물 대백과사전》에는 식물의 잎 모양을 24가지로 구분하면서 바소꼴 대신 피침형이라는 단어에 '기다란 창 모양'이라고 덧붙여 놓았다. 내게는 이 기다란 창이라는 표현이 훨씬 마음에 와 닿는다.

씀바귀류 중에서 가장 흔한 것은 사실 씀바귀가 아니라 선씀바귀, 그중에서도 노랑선씀바귀다. 정작 씀바귀는 좀처럼 눈에 띄지 않는다. 우리 동네에서는 밤골계곡의 딱 한 곳에서 씀바귀를 발견했다. 정확히 말하면 성남시와 경기도 광주군의 경계 지역이다.

씀바귀와 선씀바귀는 혀꽃잎 수로 구분하는데 선씀바귀류의 혀꽃잎은 20~25장으로 씀바귀에 비해 훨씬 많다. 꽃색에 따라서도 흰색을 선씀바귀, 노란색을 노랑선씀바귀로 구분한다. 씀바귀가 주로 들이나 농경지 주변에서

노랑선씀바귀(탑골공원, 2020.5.17.)
우리 주변에서 가장 흔하게 볼 수 있다.

노랑선씀바귀 홀씨
(밤골계곡, 2020.6.6.)

선쓴바귀(포은정몽주선생묘역, 2021.4.20.)
흰색 꽃이 피는 것으로 노랑선쓴바귀와 구별한다.

자란다면 선쓴바귀는 묘지 같은 초지에서 잘 자란다. 선쓴바귀의 '선'의 유래에 대해서는 여러 의견이 있지만, 그중 '산(山)'을 어원으로 보는 것이 가장 설득력이 있는 것 같다. 즉 한자어 산고채(山苦菜)를 우리말로 풀이한 것이라는 설명이다. 우리나라에서 잔디는 주로 묘지에서나 볼 수 있었고 그 묘지는 주로 산속에 있었으니 말이다. 그러고 보면 선쓴바귀를 산쓴바귀로 바꾸어 불러도 좋을 듯하다. 내가 선쓴바귀를 발견한 것도 포은정몽주선생묘역의 잔디밭이었다.

쓴바귀류 중 가장 개성 넘치는 것이 벌쓴바귀다. 쓴바귀류에서는 유일한 한해살이다. 정확히 말하자면 해넘이한해살이다. 벌쓴바귀의 '벌'은 곤충이 아니라 들판이라는 의미다. 그래서 실제로 들씀바귀라고도 부른다. 보통 건조한 땅보다는 습한 곳을 좋아하는데 논두렁이나 습지 주변에서 관찰된다. 벌씀바귀를 처음에 보면 고들빼기와 살짝 헷갈린다. 벌씀바귀 잎은 전형적인 피침형으로 전체적으로 길쭉하고 끝이 뾰족한 형태이다. 그런데 문제는 줄기와 만나는 밑부분이 화살형으로 되어 있으면서 줄기를 감싸고 있는데 바로 이것이 고들빼기와 헷갈리는 부분이다. 보통 잎 밑부분이 줄기를 감싸느냐 아니냐에 따라 고들빼기와 씀바귀를 구별하기 때문이다.

좀 더 세심히 들여다보면 감싸는 모양이 살짝 다르다. 고들빼기의 경우 잎이 수평으로 줄기를 완전히 감싸고 있어 마치 잎 한가운데서 줄기가 올라오는 느낌을 주는 데 반해 벌씀바귀 잎은 줄기를 감싸기는 하지만 한쪽으로 조금 열려 있으면서 잎과 줄기가 45도 정도로 비스듬하게 만난다. 벌씀바귀 잎이 줄기를 감싸는 특징을 보통 귀 모양 또는 화살촉 모양으로 표현하기도 하는데 내가 보기에는 화살촉에 더 가까운 듯하다. 잎 가장자리의 특징도 다르다. 고들빼기 잎은 깊게 갈라졌지만 벌씀바귀는 그냥 밋밋하다.

벌씀바귀 꽃은 지름 1센티미터 정도로 선씀바귀에 비해 상당히 작다. 게다가 꽃들이 위쪽에 뭉쳐 피어 있어 전체적인 느낌은 얼핏 뿌리뱅이를 연상케 한다. 벌씀바귀의 종소명 폴리세팔라(*polycephala*)는 '머리꽃이 많다'는 의미다. 꽃이 피었다가 시들 무렵이면 꽃이 아래쪽으로 살짝 고개를 숙이는 것도 특징이다. 이러한 특징은 이고들빼기를 닮았다. 벌씀바귀는 결국 고들빼기와 씀바귀의 중간 형태인 셈이다. 벌씀바귀의 가장 큰 특징은 '키세스 초콜릿'을 닮은 총포(總苞)다. 총포는 꽃의 밑동을 감싸는 '비늘 모양의 조각'인데 꽃가루받이가 일어나고 열매가 익을 무렵이면 그 아랫부분이 둥글게 부풀어 오른다. 그

벌씀바귀(밤골계곡, 2021.5.18.)
꽃가루받이가 일어나고 열매가 익어가면 총포 아랫부분이 '키세스 초콜릿'처럼 둥글게 부풀어 오른다.

벌씀바귀 잎(밤골계곡, 2021.5.18.)
잎이 줄기를 감싸는 모습이 고들빼기와 비슷하지만 한쪽이 열려 있고 잎이 밋밋하다는 점이 고들빼기와 다르다.

모양이 영락없는 키세스 초콜릿이다.

뽀리뱅이

씀바귀와 비슷하게 생긴 들꽃이 또 하나 있다. 뽀리뱅이다. 한창 피기 시작하는 뽀리뱅이 꽃을 처음 딱 보면 완전히 씀바귀다. 물론 크기가 매우 작아 둘을 놓고 보면 쉽게 구별된다. 꽃의 지름은 씀바귀가 3센티미터, 뽀리뱅이가 8밀리미터 정도로 대략 3분의 1 크기이지만 느낌으로는 씀바귀의 10분의 1밖에 안 되어 보인다. 꽃은 줄기 끝에서 뭉쳐서 피는데 씀바귀처럼 활짝 젖히지 않는 것도 특징이다. 마치 꽃이 피다 만 것 같은 느낌이 든다.

무엇보다 이름이 재미있다. 이름을 한번 들으면 평생 잊히지 않는다. 뽀리뱅이라는 이름의 유래에 대해서는 몇 가지 해석이 있다. 가장 그럴듯한 것이 보릿고개를 넘기면서 먹던 나물이라는 뜻의 '보리뱅이'에서 비롯되었다는 설명이다. '뽀리'를 풀이 막 돋아나는 모습을 표현한 의태어로 보기도 하는데 이 또한 '나물'을 강조하는 셈이다. 이 식물의 다른 이름이 바로 박조가리나물이다. '보리밭에서 나는 나물'이라는 해석도 있다.

뽀리뱅이 (포은정몽주선생묘역, 2023.4.22.)
씀바귀보다 꽃이 작고 꽃잎을 활짝 젖히지 않아 피다 만 것 같은 느낌이 든다.

뽀리뱅이는 전형적인 농촌형 식물이다. 주 서식처는 농촌 들녘의 경작지나 그 근처다. 당연히 농촌의 대표 봄 작물이었던 보리밭이나 그 언저리에서 많이 보였을 것이니 어느 정도 타당성이 있는 설명이다. 줄기 끝에 뭉쳐 있는 꽃차례의 꽃봉오리들은 얼핏 보면 껍질을 벗기지 않은 '통보리'처럼 생기기도 했다. 그 모양에서 보리뱅이가 나왔을 가능성도 있다. 조팝나무도 있고 이팝나무도 있으니 말이다. 좀 억지스럽기는 하지만 뽀리의 기원을 '봉오리'에서 찾을 수도 있을 것 같다. 이 꽃의 특징 중 하나가 만개한 상태에서도 꽃잎이 활짝 펼쳐지지 않는다는 점이다. 그러니 보는 사람 눈에는 벌어지다 만 '꽃봉오리'가 상당히 인상적이었을지도 모른다.

진달래와 철쭉

초등학교 시절, 집과 학교가 꽤 떨어져 있었다. 버스를 타면 10여 분, 걸으면 한 시간 정도 걸렸다. 시간이 급할 때나 날씨가 좋지 않은 날이 아니면 대개 친구들과 어울려 걸어 다녔다. 걷는 길은 찻길이 아니라 질러가는 산길이었다. 봄이 오면 이 산길은 온통 진달래 꽃밭이 되니 등하굣길이 마냥 즐거울 수밖에 없었다. 우리는 당시 진달래꽃을 '창꽃'이라 불렀다. 참꽃의 강원도 사투리다. 창꽃잎을 한 움큼씩 따 입에 욱여넣으며 산길을 걷다 보면 어느새 학교 그리고 집이었다. 이런 추억 때문인지 우리나라를 대표하는 꽃 하나를 꼽으라면 나는 주저하지 않고 진달래꽃이다.

1840년대 후반 히말라야와 인도 등지에서 식물을 채집하던 영국의 식물학자 조지프 돌턴 후커(Sir Joseph Dalton Hooker, 1817~1911)는 진달래가 흐드러지게 핀 풍경을 보고 너무 감탄한 나머지 "세 개의 진달래, 하나는 다홍색, 다른 하나는 화려한 잎이 달린 하얀색, 그리고 마지막 하나는, 당신이 상상할 수 있는 가장 사랑스러운 것"이라고 했다. 그는 히말라야 남쪽의 시킴주에서만 새로운 28종을 발견했다. '진달래속'은 전체 식물계에서도 가장 큰 속에 속하는데 대략 800종 이상이 여기에 포함되는 것으로 알려져 있다. 이 거대한 속의 지리학적, 형태학적 범위를 체계적으로 연구한 것도 후커였다.

진달래는 이른 봄 우리의 산야를 온통 붉게 물들인다. 온 나라가 진달래 천지다. 그러면 왜 한반도에 이렇게 진달래가 차고 넘칠까. 진달래는 건조하고 척박한 땅에 잘 적응해서 살아가는데, 생태적으로 촉촉하게 젖어 있는 땅을 싫어하고 건조한 땅을 좋아한다. 척박한 땅을 좋아하는 식물은 없을 터, 진달래가 영양분이 많은 땅에서는 다른 식물과의 경쟁에서 뒤로 밀려나기 때문이다.

진달래(율동공원, 2021.3.23.)
진달래는 갈색의 마른 숲에서 잎이 없이 피어나기 때문에 더 그 색감이 두드러진다.

진달래 꽃봉오리(율동공원, 2021.3.23.)

지리학적으로 진달래는 화강암질 토양에 최적화된 나무다. 진달래속에 속한 거의 모든 종의 공통된 특징은 산성 토양을 좋아하는데 화강암질 토양이 바로 대표적 산성 토양이다. 진달래는 교배가 쉽기 때문에 세계의 원예가들에 의해 다양한 품종이 개발되어 보급되었다. 그런데 문제는 토양이었다. 그래서 원예가들은 산성 토양이 부족한 곳에서는 대개 토탄을 수입해서 썼는데 그 결과 오래된 토탄 늪이 고갈되기도 했다니, 세상에 공짜는 없다.

한반도에서 가장 흔한 암석은 바로 화강암류이다. 여기도 화강암, 저기도 화강암이다. 화강암이 풍화되어 만들어진 토양은 입자가 매우 거친 조립질이라 물이 잘 빠져나가고 토양도 비옥하지 못하다. 흔히 '마사토'라고 불리는 흙이다. 인위적으로 변한 혹독한 자연환경에서도 진달래는 단연 두각을 나타낸

화강암 풍화토(대구 비슬산, 2019.4.25.)

다. 산불로 인해 온 산이 재투성이가 된 후에도 가장 먼저 새순을 내고 꽃을 피워내는 식물이 바로 진달래다. 그래서 이 진달래를 '2차림의 표지식물'로 삼기도 한다.

그런데 흥미롭게도 이웃 중국이나 일본은 우리처럼 진달래가 흔하지 않다. 우리만큼 화강암이 넓게 분포하지 않기 때문이다. 중국이나 일본에서 진달래꽃을 볼 수 있는 곳은 일부 화강암 분포지역에 국한된다. 그 좋은 예가 바로 일본의 대마도다. 일본은 대부분 화산암이지만 대마도의 기반암은 주로 화강암이다. 대마도는 거리 면에서나 지질 면에서 일본보다는 한국에 가까운 곳이라는 이야기가 그래서 나온다. 화강암이 한반도에 등장한 것은 수억 년 전의 중생대까지 거슬러 올라간다. 진달래꽃 역시 화강암의 역사만큼이나 아주 오래전에 우리 문화 속으로 깊숙이 들어와 있다. 우리의 전통차 중 가장 오래된 것 중 하나가 바로 진달래 잎으로 만든 차인 것으로 알려져 있다.

화강암은 단일 암석의 비율로 보면 한반도 암석의 30퍼센트를 차지한다. 통계적으로 꽃나무 중 진달래의 비율이 어느 정도인지는 모르겠지만, 체감상으로 화강암 비율 정도이거나 그 이상이 되지 않을까 싶다. 척박하기 그지없는 이 땅에서 꿋꿋하게 수천 년을 잘 버텨내고 이렇게 잘 살고 있는 한국인들도 어딘가 진달래꽃을 닮지 않았는가? 한반도를 대표하는 꽃나무에 진달래를 올려놔도 조금도 어색하지 않을 듯하다.

진달래 하면 자연스럽게 따라오는 식물이 철쭉이다. 진달래와 철쭉은 정서적으로 하나의 세트 식물이다. 신라 33대 성덕왕 때 순정공의 수로부인이 절벽에 피어난 아름다운 꽃을 갖고 싶어하자 지나가던 노인이 목숨을 걸고 절벽에 올라 꽃을 꺾어 〈헌화가〉와 함께 바친 꽃이 바로 철쭉꽃이다. 그래서 철쭉의 꽃말이 '사랑의 즐거움'이다.

먹을 수 있는 진달래꽃을 참꽃이라고 하는 것에 대해 독성이 있어 먹을수 없는 철쭉은 개꽃이라고 해서 구별한다. 남부지방에서는 색이 연한 진달래라는 뜻으로 연달래라고도 부른다. 흔히 진달래와 비교해서 철쭉은 잎이 먼저나오고 꽃이 피는 것이 특징인 것으로 알려져 있다. 그러나 워낙 개량종이 많이 나오다 보니 꼭 그렇지도 않은 것 같다. 개량된 철쭉은 대개 대만철쭉 또는양철쭉으로 불리는데 꽃색은 흰색에서부터 분홍색, 자홍색, 오렌지색 등 매우다양하다.

자생종으로서의 철쭉은 크게 철쭉과 산철쭉으로 구분한다. 우리 어렸을 적 산에서 진달래와 함께 만났던 철쭉은 알고 보니 산철쭉이었다. 산철쭉과 철쭉은 키, 잎 모양 그리고 꽃색 등으로 구별한다. 키의 경우 산철쭉은1~2미터에 그치지만 철쭉은 2~5미터까지 자란다. 산철쭉의 잎은 가늘고 길지만 철쭉 잎은 둥글넓적하다. 산철쭉의 꽃은 붉은색에 가까운 진분홍색이지만 철쭉은 흰색에 가까운 연한 분홍색을 띤다. 식물학자들이 말하는 '진짜 철쭉'은 바로 연분홍색 철쭉이다. 독일 해군 장교 슈리펜바흐(Baron Alexander von Schlippenbach)에 의해 세계에 알려진 우리나라 최초의 식물이라는 명예도 가지고 있다. 진달래와 철쭉을 꽃색으로 비교하자면 진달래는 색이 짙고 철쭉은연한 것이 특징이다. 진달래라는 이름에 '진'은 꽃색이 진하다는 의미이고 '달래'는 산야에서 자라는 먹을 수 있는 들꽃이라는 뜻이다.

꽃색이 아무리 다양하고 종류가 많아도 철쭉꽃에 공통된 특징이 하나 있다. 꽃잎 안쪽 윗부분의 반점 무늬다. 자주색이 대부분이지만 꽃색에 따라 분홍, 노랑 등 다양하다. 드물게 흰철쭉의 경우 반점이 없는 변종도 발견된다. 진

↑ 철쭉(포은정몽주선생묘역,
2021.4.23.)
자생 철쭉은 흰색에 가까
운 연분홍색 꽃을 피운다.

→ 철쭉꽃(포은정몽주선생묘역,
2021.4.23.)

달래의 일종인 산진달래도 반점이 있기는 하지만 산진달래는 주로 한반도 북부지방에 자생하는 종으로 남한에서는 거의 관찰되지 않는 것으로 알려져 있다. 흥미로운 것은 철쭉의 10개 수술이 모두 자주색 반점 쪽으로 휘어져 있다는 점이다. 곤충이 꿀주머니를 잘 찾아가도록 만들어 놓은 유도선, 즉 허니 가이드이다.

봄이면 철쭉꽃과 늘 헷갈리는 것이 철쭉을 개량한 영산홍이다. 가장 큰 차이점은 철쭉이 낙엽관목인 데 반해 영산홍은 반상록관목이라는 점이다. 키도 1미터가 채 안 된다. 수술도 철쭉은 10개이지만 영산홍은 5개다. 그런데 가장 흥미로운 점은 영산홍도 철쭉의 일종이기에 역시 꽃잎 안쪽에 자주색 반점이 찍혀 있다. 사람으로 치면 일종의 '몽고 반점'이다.

영산홍(율동공원, 2021.5.4.)
철쭉에 비해 색감이 강렬하고 종류가 무척 다양하다.

2020년 5월 7일, 탑골공원 산책 중 흰철쭉 꽃잎에 앉아 있는 큰광대노린재 몇 마리를 발견했다. 원래 큰광대노린재가 삶의 터전으로 삼는 기주식물은 회양목으로 알려져 있다. 그런데 이 녀석들은 어떻게 된 노릇인지 흰철쭉 한 구석에 무리 지어 모여 있었다. 며칠 지나도 마찬가지였고 1년 뒤인 2021년 5월에도 역시 같은 철쭉에서 관찰되었다. 큰광대노린재는 자리를 딱 잡으면 그 자리에서 거의 움직이지 않는다.

이 책을 써보라고 나를 은근히 부추긴 것도 바로 이 큰광대노린재였다. 큰광대노린재에 매료된 나는 그날 밤 바로 105밀리미터 접사렌즈를 주문했고 며칠 뒤에 운 좋게도 큰광대노린재의 탈피 모습을 담을 수 있었다.

큰광대노린재는 노린재목 광대노린재과의 곤충이다. 몸길이는 약 17~20밀리미터로 손톱 크기만 하다. 몸 윗면이 화려한 빛깔의 꺾인 줄무늬로 장식되어 있는 것이 특징인데 빛이 비추는 각도에 따라 색도 완전히 달라

큰광대노린재 성충(탑골공원, 2020.5.7.)

큰광대노린재의 탈피(탑골공원, 2020.5.7.)

참매미(성남시청공원, 2021.7.24.)
노린재와 매미는 사람과 침팬지의
관계처럼 가깝고도 먼 사이다.

진다. 노린재라는 이름이 붙은 곤충은 수백 종이 넘는 것으로 알려져 있다. 노린재 하면 고약한 냄새가 먼저 떠오르는데 이 녀석은 냄새는 고사하고 무지갯빛으로 빛나는 모습으로 내 눈을 사로잡았다.

그런데 노린재를 공부하면서 새롭게 알게 된 흥미로운 사실은 우리가 잘 알고 있는 '매미'가 바로 노린재의 한 종류라는 점이다. 노린재는 생물분류학상 동물계-절지동물문-곤충강-노린재목-노린재과에 속하고, 매미는 노린재목 중에서 매미과에 속하는 곤충이다. 노린재와 매미의 관계는 사람과 침팬지와의 관계와 같다. 사람은 동물계-척삭동물문-포유강-영장목-사람과에, 침팬지는 영장목 중 성성이과에 속한다. 그러니 노린재와 매미를 전혀 다른 곤충으로 알고 있었던 것은 어쩌면 당연한 일인지도 모른다.

어쨌든 노린재의 종류는 정말 많기도 하다. 곤충강에 속하는 목으로는 파리목, 딱정벌레목, 나비목, 노린재목, 메뚜기목, 벌목, 잠자리목 등이 있는데 노린재목은 딱정벌레목, 나비목 다음으로 그 종류가 많다. 들꽃 여행을 하면서 가장 많이 마주친 곤충이 바로 노린재 무리였다. 얼룩대장노린재, 투명잡초노린재, 톱다리개미허리노린재, 풀색노린재 등이 그것이다.

얼룩대장노린재는 몸길이 22밀리미터 정도로 손톱 크기에 비길 만하다. 몸은 회갈색으로 불규칙하게 검은색 무늬가 많아 '얼룩', 노린재 중에서 비

얼룩대장노린재(탄천, 2021.6.9.)   투명잡초노린재(밤골계곡, 2020.6.8.)

교적 몸집이 커 '대장'이라는 이름을 얻었다. 불규칙한 얼룩무늬는 죽은 나무껍질에 부착된 지의류를 흉내 내 몸을 보호하기 위한 전략이다. 주로 참나무류 숲에 산다. 전국적으로 분포하지만 개체 수는 그리 많지 않다는데 2021년 5월 어느 날 탄천 산책 중 우연히 내 눈에 띄었다.

투명잡초노린재는 몸이 적갈색 또는 진갈색이고 앞날개 막질부가 투명한 것이 특징이다. 크기는 5~7밀리미터로 비교적 작은 편인데 이는 잡초노린재과의 일반적인 특징이기도 하다. 이 세상 모든 생물은 사랑을 위해 목숨을 건다. 특히 짝짓기 중 극단적으로 활동에 제약을 받는 곤충들은 천적에게 먹힐 확률이 그 시간이 최고로 높지만 개의치 않는다. 투명잡초노린재도 예외가 아니다. 이런 '사랑의 에너지'가 결국 이 지구를 생명 가득한 행성으로 존속시키는 것이 아닐까.

등갈퀴나물과 별완두

덩굴식물 중에는 자신의 부드러운 줄기 자체를 밧줄 삼아 다른 물체를 감고 올라가는 것도 있고, 줄기 끝에 덩굴손을 따로 만들어 다른 식물이나 물체를 의지해 위로 기어오르는 식물도 있다. 덩굴손은 잎이나 줄기가 변형된 것이다. 이 덩굴손이 어떤 물체와 닿으면 접촉된 바깥쪽이 더 빠르게 생장하면서 물체를 감게 되는데 이를 굴촉성(屈觸性)이라고 한다. 덩굴식물의 실뿌리 다음으로 예민한 부분이 덩굴손인데 덩굴손은 0.00025그램에 지나지 않는 비단실 한 오라기만 있어도 그곳에 든든하게 매달릴 수 있다고 한다. 덩굴식물은 그 어떤 식물보다 이 굴촉성이 발달한 식물이다. 그중 등갈퀴나물의 굴촉성은 아주 특별하다.

등갈퀴나물은 덩굴[등藤]이 지는 갈퀴나물이라는 의미다. 등나무 잎을 닮은 잎차례 끝에 갈퀴 같은 덩굴손이 달려 있고 어린순을 나물로 먹을 수 있다는 뜻이다. 초여름으로 들어서면 잎겨드랑이에서 돌출된 꽃대에 나비 모양의 보라색 꽃이 모여 핀다. 같은 식물을 놓고도 지역이나 나라마다 강조하는 점이 다르고 당연히 이름도 달라진다. 서양과 중국은 완두콩을 강조해서 각각 야생완두, 들완두라 하고, 일본은 등나무와 같은 잎차례 특징을 내세워 초등(草藤)이라 부른다.

우리는 나물을 강조해 등갈퀴나물로 부른다. 그리고 서양이나 중국에서 부르는 야생완두와 들완두라는 이름은 벌완두로 바꾸어, 등갈퀴나물과는 다른 들풀을 가리킨다. 물론 벌완두도 갈퀴가 있지만 이 이름에는 갈퀴가 생략되어 있고 완두가 강조된다. 벌완두는 갈퀴나물과 비슷하지만 잎차례의 특징이 조금 다르다. 긴 잎차례에 달려 있는 작은 잎의 측맥이 주맥(중앙맥)과 거의 90도로 직각을 이룬다. 한편 광릉갈퀴와 왕관갈퀴나물처럼 갈퀴가 없으면서도 갈퀴라는 이름을 붙인 경우도 있다.

등갈퀴나물과 대비되는 것이 갈퀴나물이다. 등갈퀴나물은 갈퀴나물에 비해 잎 모양이 갸름하고 길다. 잎의 수도 꽤 차이가 난다. 갈퀴나물 잎차례에 달린 작은 잎은 4~7쌍이지만 등갈퀴나물은 8~15쌍으로 훨씬 촘촘하게 많이 달린다.

뭐니 뭐니 해도 등갈퀴나물의 정체성은 갈퀴로 불리는 덩굴손이다. 잎차례 끝 쪽에 2~3갈래로 갈라지는 덩굴손이 달려 있는데 이름 그대로 갈퀴를 쏙 빼닮았다. 이 갈퀴를 이용해 주변 나무 등을 휘감으며 세력을 확장해 나간다. 의지할 대상이 마땅치 않으면 제 몸이라도 휘어 감으며 뻗어나간다. '자승자박'이라는 한자 성어도 혹시 이 등갈퀴나물에서 비롯된 것은 아닌지 모르겠다.

벌완두는 꽃은 낯익지만 이름은 꽤 낯설다. '벌'은 '들판'을 뜻하고 완두는 그 열매가 완두를 닮아서 붙인 이름이다. 나는 처음 이 이름을 듣고는 벌을 곤충으로 지레짐작했다. 하긴 사진을 찍는 사이 벌들이 끊임없이 날아들긴 했다. 어쨌든 나 같은 사람을 위해서 차라리 들완두라 부르면 어떨지 모르겠다.

등갈퀴나물(탄천, 2021.5.1.)
등나무 잎을 닮은 잎차례 끝에 갈퀴 같은 덩굴손이 달려 있다.

등갈퀴나물 무리(탄천, 2021.6.5.)

벌완두의 꽃과 잎 모양이 비슷해 헷갈리기 쉬운 것이 갈퀴나물, 각시갈퀴나물 (벳지), 등갈퀴나물, 넓은잎갈퀴, 왕관갈퀴나물 등이다. 벌완두는 이 중 갈퀴나물과 많이 혼동된다. 그러면 무엇이 다를까.

벌완두의 가장 큰 특징은 작은 잎이 5~8쌍이라는 점이다. 잎 간격이 넓어 전체적으로 '이가 빠진' 형태라 약간 엉성한 느낌을 준다. 잎은 둥근 타원형이고 가장자리가 밋밋하다. 잎맥의 경우 주맥에서 갈라지는 측맥의 각이 둔각으로 넓게 벌어져 있다. 다른 것들이 모두 '갈퀴'라는 덩굴손의 형태를 강조한데 비해 벌완두는 '들판'이라는 식물 서식지를 내세운 것도 특이하다. 벌완두도 2~3갈래로 갈라진 덩굴손이 눈에 확 띈다. 대신에 왕관갈퀴나물은 잎에 덩굴손이 발달하지 않았다.

벌완두는 키가 1.5미터까지 자라고 6~8월에 길이 1센티미터 크기의 자주색 꽃이 총상꽃차례로 핀다. 꽃은 15~30송이가 한쪽으로 치우쳐 달린다. 가을에는 타원형의 납작한 협과(莢果), 즉 꼬투리열매가 달린다. 콩과 열매라는 의미로 두과(豆果)라고도 한다.

2020년 7월 어느 날, 길가에 쪼그리고 앉아 벌완

벌완두(밤골계곡, 2020.7.18.)
등갈퀴나물에 비해 잎이 작고 잎 간격이 넓어 전체적으로 약간 엉성한 느낌을 준다.

두 꽃을 찍고 있는데 줄기에 달라붙어 꼼짝하지 않는 곤충 한 마리가 우연히 앵글 속으로 들어왔다. 일단 몇 컷을 찍어두고 집에 돌아와 이름을 찾아보았다. 이런 경우 아무런 정보가 없기에 좀 '무식하게' 이름을 찾아내야 한다. 일단 노트북 화면에 최대한 크게 띄워놓고 눈에 들어오는 가장 큰 특징을 하나 잡아서 곤충도감 사진과 하나씩 대조해 보는 것이다. 이때 대략 어느 목에 해당하는지를 알면 훨씬 수월한 것은 물론이다. 이 녀석은 크게 보아 '노린재목'이라는 것을 대충 짐작할 수 있어 다행히 제 이름을 불러주는 데 그리 오랜 시간이 걸리지 않았다.

알고 보니 '톱다리개미허리노린재'였다. 이름 한 번 정말 길다. 긴 이름 경연대회에 나가면 당연 우승감이다. 글자 수를 세어보니 모두 10음절이다. 그런데 곤충도감 색인을 찾아보았더니 이보다 강자들이 있었다. 일단 11음절의 '밀감무늬검정장님노린재', 12음절의 '극남방꼬마애기잎말이나방'이 있다. 이것만으로도 서열 3위다. 다시 네이버를 검색해보았더니 13음절의 '작은홍띠점박이푸른부전나비', '뽕나무들명나방살이줄고치벌'이 단연 1등으로 등재되어 있다. 그런데 이건 아무것도 아니다. 무려 16음절의 '포도유리나방살이며느리발톱고치벌'이 소개된 자료도 있었다. 이 정도이면 학술적 의미는 있을지 모르지만, 이름이 갖는 대중성과는 거리가 멀어도 한참 멀다. 그래서 한국곤충학회에서는 새로운 한국산 곤충 이름을 지을 때는 최대 12자를 넘지 않게, 그리고 되도록 10자 이내로 제한하는 것을 권고하고 있다. 어쨌든 현재로서는 톱다리개미허리노린재는 5등이다. 그래도 이게 어딘가.

톱다리개미허리노린재는 노린재목 호리허리노린재과 곤충이다. 그 이름은 아메리카 원주민들 이름만큼이나 참 복잡하고도 재미있다. 톱다리는 이름 그대로 크고 긴 뒷다리가 톱처럼 생겼다 해서 붙인 것이다. 들여다보고 있으면 정말 대단하다. 길이 15밀리미터 정도인 몸은 조금 가늘긴 해도 사실 '개미허리'까지는 아니다. 많이 과장되어 있다. 개미허리는 이 녀석이 어린 약충일 때 개미 모습이고, 실제로 개미처럼 행동한다고 해서 얻은 이름일 뿐이다. 여섯 번의 탈피를

톱다리개미허리노린재(밤골계곡, 2020.7.18.)

거쳐 성충이 되면 개미 모습은 온데간데없고 마치 벌처럼 쌩쌩 날아다닌다. 변신도 이런 변신이 없다.

　어린 시절 이렇게 개미 모습으로 위장하는 것은 무리 지어 공격하는 개미의 강인함을 의태(擬態)함으로써 천적들의 공격을 막기 위함이다. 의태에는 몸을 숨기는 은폐의태와 더 두드러지게 보이는 경계의태 두 가지가 있는데 개미허리는 이 중 경계의태에 해당된다. 이 녀석은 주로 콩과나 벼과 작물 그리고 과일의 즙을 빨아 먹기 때문에 농가에서는 기피 대상 1호의 해충으로 취급한다. 특히 콩을 유난히 좋아해서 콩노린재라는 이름으로도 불린다.

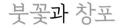

붓꽃과 창포

붓꽃의 사전적 정의는 '대개 건조한 땅을 좋아하고 키는 60센티미터까지 자라면서 5월쯤 붓처럼 생긴 꽃봉오리에서 자주색 꽃이 피는 여러해살이풀'이다. 그러나 야생의 붓꽃을 관찰해보면 이들의 세계가 그리 단순하지 않음을 곧 알게 된다. 붓꽃이라 불리는 식물 중에는 키 작은 각시붓꽃과 솔붓꽃, 꽃잎이 넓은 부채붓꽃, 노란색 꽃이 피는 금붓꽃이 있고, 붓꽃과는 전혀 관계없어 보이는 노랑꽃창포나 꽃창포도 있기 때문이다.

일반적인 붓꽃의 공통점으로는 줄기나 잎에 비해 유난히 꽃잎이 크고 화려하다는 점을 꼽는다. 꽃잎도 바깥쪽에 3장, 안쪽에 3장씩 이중구조로 되어 있다. 이는 꿀도 없고 향기도 없는 붓꽃의 약점을 보완하기 위해 마련한 고도의 전략 중 하나다. 영어에서 붓꽃류를 표시하는 공통적인 단어 아이리스(iris)는 그리스·로마 신화의 '무지개 여신' 이름이다. 붓꽃의 화려한 무늬가 무지갯빛 같다고 해서 붙인 것이다.

들꽃 여행의 매력은 우연성에 있다. 뜻하지 않은 장소에서 전혀 예상치 못한 들꽃을 만난다. 2021년 4월에 만난 광주 문형산 용화선원 계곡의 금붓꽃이 그랬다. 금붓꽃은 낙엽이 많이 쌓여 무기질이 풍부하고 물 빠짐이 좋은 땅을 좋아한다. 바로 물이 졸졸 흐르는 계곡 옆 햇볕이 잘 드는 등산로 주변이다. 한국 특산종으로 주로 경기도 및 중부지방에서 많이 발견되는데 한반도 밖 만주 지역에서도 관찰된다.

붓꽃(탄천, 2021.5.9.)
붓꽃은 줄기나 잎에 비해 유난히 꽃잎이 크고 화려하다.

금붓꽃의 키는 3~8센티미터로 붓꽃 종류 중에서 가장 작다. 무심코 지나치면 눈에 띄지도 않는다. 그러나 한번 눈에 들어온 금붓꽃에서 눈을 떼기 힘들다. 키에 비해 상대적으로 큼지막하고 화려한 별 모양의 꽃 때문이다. 금붓꽃과 비슷한 것이 노랑붓꽃인데 사실 금색이나 노란색이나 같은 의미이니 꽃색으로는 구별이 쉽지 않다. 이 둘을 구별하는 기준은 줄기에 달린 꽃의 개수다. 꽃이 한 송이면 금붓꽃, 두 송이면 노랑붓꽃이다. 금붓꽃의 뿌리는 수염 모양으로 가늘고 길게 뭉쳐나는 것이 특징이다. 잘 말린 뿌리 뭉치는 상당히 질기면서 또 쉽게 썩지 않아 전통적으로 솥이나 냄비를 닦는 천연 솔로 이용되었단다. 그만큼 산야에 금붓꽃이 흔했다는 이야기인데 지금은 사정이 많이 달라진 것 같다. 들꽃이 좋아서 산야로 쫓아다니는 사람들조차도 금붓꽃을 보기가 그리 쉽지 않다.

금붓꽃(문형산, 2021.4.7.)
붓꽃 무리 중 가장 키가 작고 노란 꽃이 핀다.

노랑붓꽃(인천수목원, 2022.4.15.)

키 작은 붓꽃으로는 각시붓꽃과 솔붓꽃을 빼놓을 수 없다. 키는 10센티미터 내외다. 금붓꽃과는 달리 이 둘은 여느 붓꽃처럼 자주색 꽃을 피운다. 각시붓꽃의 '각시'라는 말도 작다는 뜻이다. 각시붓꽃은 애기붓꽃이라고도 한다. 각시붓꽃은 붓꽃류 중에서 가장 일찍 꽃이 핀다. 각시붓꽃의 특징 중 하나는 꽃이 필 때 꽃대와 잎의 길이가 거의 같지만 일단 꽃이 지고 난 다음에는 잎이 더 길게 자란다는 점이다. 꽃의 수분작용을 더 효율적으로 하기 위한 전략인 것 같다. 각시붓꽃보다 더 작은 붓꽃이 난쟁이붓꽃인데 이는 주로 고산지대에서 발견되기 때문에 주변에서 흔하게 볼 수 있는 각시붓꽃과는 쉽게 구별된다.

각시붓꽃과 가장 혼동되는 것이 솔붓꽃이다. 키도 작고 꽃색도 같다. 둘을 구별하기 위해서는 꽃대와 잎의 관계를 보면 된다. 각시붓꽃은 잎에서 바로

난쟁이붓꽃(인천수목원, 2022.4.28.)

각시붓꽃(포은정몽주선생묘역, 2021.4.13.)
꽃이 필 때는 꽃대와 잎의 길이가 거의 같지
만 꽃이 진 다음에는 잎이 더 길게 자란다.

솔붓꽃(포은정몽주선생묘역, 2021.4.14.)
각시붓꽃이 잎에서 바로 꽃줄기가 올라오는
데 비해 솔붓꽃은 잎과 떨어진 곳에서 올라
온다.

꽃줄기가 올라오지만 솔붓꽃은 잎과 떨어진 곳에서 올라온다. 잎의 폭도 달라서 1센티미터보다 좁으면 솔붓꽃, 이보다 넓으면 각시붓꽃이라고 하는데 사실이 기준은 좀 애매하다. 솔붓꽃은 그 뿌리로 솔을 만들어 썼다고 해서 붙인 이름이라는데 실제로는 각시붓꽃의 뿌리를 이용한 것으로 알려졌다. 우리 조상들도 각시붓꽃과 솔붓꽃을 어지간히 구별하기 어려웠나 보다.

붓꽃 중에는 그 이름만으로는 둘을 전혀 구별해내지 못하는 녀석들도 있다. 바로 노랑꽃창포와 꽃창포다. 이름만으로는 이들은 '창포'의 한 종류처럼 보인다. 그러나 이 둘은 이름만 그렇지 가짜 창포다. 식물학적으로는 창포가 아니라 붓꽃이다. 진짜 창포는 천남성과에 속하는데 학자들에 따라서는 창포과로 분류하기도 한다. 어쨌든 붓꽃과 천남성은 서로 완전히 족보가 다르고 유전자도 당연히 다르다.

← **노랑꽃창포**(탄천, 2021.5.9.)
붓꽃 무리 중 하나이지만 창포처럼 잎의 중앙맥이 뚜렷하다고 해서 창포라는 이름표를 달았다.

↑ **꽃창포**(성남시청공원, 2021.5.22.)
붓꽃 무리인 꽃창포는 자주색 꽃 때문에 보통의 붓꽃과 쉽게 혼동된다. 잎의 중앙맥이 있으면 꽃창포, 없으면 붓꽃이다.

혹시 창포 꽃을 본 적이 있는가? 처음 보는 사람은 이런 꽃도 있나 싶을 정도로 낯설고 다른 꽃처럼 그리 예뻐 보이지도 않는다. 창포의 학명 중 속명 아코루스(*Acorus*)는 부정 접두사 a와 장식이라는 의미의 coros를 합친 말이다. 즉 '아름답지 않은 장식'이라는 뜻이다. 꽃 이름치고는 참 예쁘지 않게 지었다. 창포 꽃과 비슷한 것으로는 부들 꽃이 있다. 사실 창포(菖蒲)라는 이름은 부들[포蒲] 종류로 창성(昌盛)하게 자란다는 의미다.

우리 선조들이 단옷날 머리를 감거나 목욕을 하는 데 썼던 것이 창포다. 그런데 이름만 그럴싸하지 노랑꽃창포나 꽃창포로 머리를 감지는 않는다. 창포로 머리를 감는 풍습은 창포의 특이한 생태 특징과 관련이 있다. 창포는 평소에는 아무런 냄새도 나지 않지만 제 몸에 상처라도 나면 코를 찌르는 듯한 향기를 풍긴다. 이 향기에는 벌레나 세균을 죽이는 물질이 들어 있다. 물속이나 습

부들(맹산환경생태학습원, 2020.7.26.)
창포와 비슷하지만 핫도그처럼 생긴 개성 있는 꽃이삭으로 구별된다.

창포(맹산환경생태학습원, 2021.5.19.)
단옷날 머리를 감는 데 쓰이는 진짜 창포다.

지를 좋아하는 창포는 늘 다양한 세균들로부터 공격받을 확률이 높기 때문에 일종의 방어 장치로 이런 향기 나는 물질을 지니고 있는 것이다. 사람들이 단옷날 창포물에 머리를 감는 것은 창포의 향기로 다가오는 여름철의 세균으로부터 몸을 보호하려는 방지책인 셈이다.

이래저래 노랑꽃창포와 꽃창포는 당장 이름을 바꿔줘야 할 예쁜 들꽃이다. 꽃창포는 가끔 창포붓꽃이라고도 부르지만 거의 쓰지 않는다. 왜 노랑꽃창포와 꽃창포는 이런 '엉터리 이름'을 갖게 되었을까. 그 이유가 분명 있을 법하다. 그 단서는 바로 잎에 있다. 보통 붓꽃류는 잎의 가운데에 '맥'이 없이 밋밋한 반면, 창포류는 대체적으로 '중앙맥'이 뚜렷하게 발달해 있다. 그런데 노랑꽃창포와 꽃창포는 엄연히 붓꽃 소속이지만 여느 붓꽃과는 다르게 잎의 중앙맥이 뚜렷한 것이 특징이다. 즉 노랑꽃창포나 꽃창포는 '꽃'이 아니라 '잎'의 특성을 고려해서 '~창포'라는 꼬리표를 달아준 것이다. 정말 복잡한 식물분류 체계다.

결론적으로 일반 붓꽃과 구별이 어려운 자주색 꽃창포는 잎의 '중앙맥'이 있느냐 없느냐가 그 구분의 기준이 된다. 맥이 없으면 붓꽃, 있으면 꽃창포다. 노랑꽃창포도 물론 맥이 있지만 꽃 자체가 노란색이니 이는 문제가 안 된다. 꽃잎에서도 차이가 있다. 꽃창포와 붓꽃과는 대개 자주색을 띠지만 꽃창포는 짙은 자주색이고 붓꽃은 옅은 자주색이다. 게다가 꽃창포의 꽃잎 한가운데에 짙은 노란색 무늬가 뚜렷해서 붓꽃과는 확연히 구별된다.

이팝나무와 조팝나무

　우리 속담에 "얻어먹는 놈이 이밥조밥 가리랴"는 말이 있다. 옛날에는 쌀밥을 이밥이라고 했다. 사전에는 이밥을 경상도 방언이라고 해놓았지만 강원도에서도 이밥으로 통했다. 이밥은 입쌀로 지은 밥이라는 뜻이다. 그러면 입쌀은 또 뭔가? 입쌀은 멥쌀을 말한다. 즉 보리쌀이나 찹쌀에 상대되는 말이다. 우리가 먹는 밥은 주로 멥쌀로 지은 것이고 찹쌀로는 떡을 만들어 먹었다. 조밥은 이름 그대로 좁쌀로 지은 밥이다. 우리 선조들의 대표적 주식은 쌀과 조였다. 속이 불편할 때 가볍게 먹는 음식이 미음이다. 미음은 입쌀이나 좁쌀로 걸쭉하게 쑨 죽을 말한다. 이런 문화적 배경에서 등장한 것이 바로 이팝나무와 조팝나무다.

　이팝나무는 하얀 꽃들이 무리 지어 있는 풍경이 마치 쌀밥을 한 그릇 가득 담아놓은 것 같다고 해서 붙인 이름이다. 그런데 이팝나무 꽃잎을 가까이에서 들여다보면 네 갈래로 갈라진 꽃잎도 쌀알처럼 길쭉한 모양이긴 하다. 이팝의 어원을 여름이 막 시작되는 입하(立夏)에서 찾기도 한다. 입하 무렵에 꽃이 피기 때문인데 이 입하가 이파를 거쳐 이팝이 되었다는 것이다. 아주 근

이팝나무(성남시청공원, 2022.5.5.)
하얀 꽃들이 무리 지어 있는 모습은 마치 쌀밥을 한 그릇 가득 담아놓은 것 같다.

거가 없지는 않은 듯하다.

이팝나무와 비슷한 것으로 조팝나무가 있다. 조팝이라는 이름은 조밥, 즉 좁쌀밥에서 비롯된다. 조팝나무의 종자가 좁쌀처럼 작고, 작은 흰 꽃들이 바람에 날리는 모습이 마치 좁쌀이 흩날리는 것 같다는 의미다. 시기적으로 조팝나무 꽃이 조금 더 일찍 피고 그 뒤를 이팝나무가 잇는다. 봄철 정원이나 공원을 새하얗게 물들이는 꽃나무가 바로 이팝나무와 조팝나무다.

조팝나무는 장미과 조팝나무속의 낙엽관목이다. 나무라고는 하지만 줄

조팝나무(성남시청공원, 2021.4.2.)
수백 개의 '꽃방망이'가 주렁주렁 매달려 있다.

기가 뿌리에서 직접 모여 나와 커다란 덤불 형태를 이루고 있어 다른 나무와 확연히 구별된다. 키는 최대 2미터 정도까지 자란다. 생울타리(살아 있는 나무를 촘촘히 심은 울타리로 산울타리라고도 한다)로 심어 키우기에 딱 좋은 높이다. 조팝나무의 뿌리와 줄기는 한약재로도 사용되었는데 특히 아스피린 원료로 쓰인다고 해서 더 유명해진 나무이기도 하다. 봄이 되면 가느다란 가지에서 하얀 꽃들이 무리 지어 피어난다. 수백 개의 '꽃방망이'가 주렁주렁 매달린 모습이다.

조팝나무는 지리적으로 아주 독특한 생태 특징을 지닌 식물이다. 땅속에 크고 작은 바위와 굵은 모래가 뒤섞인 거친 토양 환경에서 잘 자란다. 이 토양은 물과 공기가 풍부하고 또 잘 순환되는 곳이다. 이러한 토양은 땅의 역사가 오래된 대륙의 화강암 지역에서 전형적으로 발달한다. 이러한 지리적 특징 때문에 조팝나무는 한반도와 중국 중남부를 중심으로 집중 분포한다. 상대적으로 젊고 화강암이 빈약한 일본에서는 그만큼 흔하지 않다. 같은 맥락에서 우리나라 제주도에서는 조팝나무가 귀한 대접을 받는다.

화강암 지역 내에서도 조팝나무가 더 좋아하는 지형이 따로 있다. 바로 선상지다. 선상지란 산지 계곡 아래쪽에 마치 부채꼴 모양으로 토양이 퇴적되어 형성된 완경사의 지형을 말한다. 선상지는 바위와 거친 모래 토양이 섞여 있으면서도 물이 풍부하고 또 물빠짐이 원활하다. 이러한 곳은 국토가 대부분

선상지 지형(경남 사천, 2019.4.27.)
바위와 거친 모래 토양이 섞여 있으면서도 물이 풍부하고 또 물 빠짐이 원활한 곳이다. 조팝나무는 이런 땅을 특히 좋아한다.

산지인 한반도에서 사람들이 살기에 우선적으로 선택하는 장소이기도 했다. 사람들은 조팝나무를 베어낸 선상지 지형에서 논과 밭을 일구며 살았다. 그런데 개간된 땅은 사람들이 떠나면 빠른 시간 내에 다시 원래의 '자연'으로 돌아간다. 이를 지리적으로 보통 묵정논 또는 묵정밭이라고 한다. 논과 밭을 묵힌다는 의미다.

이런 묵정논밭이 생기면 바로 원주인이었던 조팝나무가 다시 찾아온다. 그리고 버드나무도 함께 따라온다. 버드나무는 물이 있는 곳이라면 어디든 제일 먼저 찾아간다. 묵정논밭을 찾아온 버드나무는 주로 논이 있던 질퍽한 땅에 뿌리를 내린다. 그러나 조팝나무는 상대적으로 물이 잘 빠지는 곳을 좋아해서 논밭의 두둑을 차지한다. 그러니 조팝나무에게 버드나무는 경쟁자가 아니다. 그런데 버드나무가 뿌리를 내린 묵정논은 시간이 지나면 대부분 '산지'로 돌아간다. 이때쯤이면 질퍽했던 땅은 푸석푸석해지고 물이 귀해진다. 그러면 버드나무는 다른 나무에게 자리를 양보하고 미련 없이 그 자리를 슬그머니 떠난다. 남는 건 조팝나무다. 산속 깊은 곳에 무리 지어 있는 조팝나무들은 바로 사람들이 남기고 간 '자연 유물'이다.

조팝나무는 아주 특별한 나무이기도 하다. 현대인의 필수 의약품 중 하나가 된 아스피린이라는 이름은 바로 이 조팝나무의 학명에서 비롯된 것이다. 수천 년 전부터 사람들은 버드나무의 살리신산에서 진통 효과를 익히 확인했고, 1820년에는 조팝나무에서 살리실알데히드를 추출하는 데 성공했다. 그리고 독일 바이엘사는 1893년 살리실산의 에스테르인 아세틸살리실산의 정제법을 발견해 아스피린이라는 신약을 대량으로 만들어 상품화했다. 아스피린(aspirin)은 아세틸(acetyl)의 머리글자인 'a'와 조팝나무의 라틴어 학명 스파이

리어(*Spiraea*)의 'spir'를 합치고 발음을 고려하여 여기에 'in'을 추가한 상품명이다. 물론 지금은 버드나무나 조팝나무에서 아스피린을 얻지 않는다. 석탄을 건류할 때 나오는 끈끈한 검은 액체, 즉 콜타르 성분의 유도체로 만들기 때문이다.

조팝나무 꽃이 지고 나면 다음 차례는 공조팝나무 차례다. 같은 조팝나무 가족이지만 꽃피는 시기가 조금 다르다. 꽃이 공 모양으로 동글동글 뭉쳐 있다고 해서 붙인 이름이다. 어차피 조팝나무를 '좁쌀밥'으로 생각한다면 공조팝나무는 '주먹 좁쌀밥'이 더 어울릴 듯하다. 그런데 공조팝나무와 헷갈리는 것이 있다. 갈기조팝나무다. 줄기가 말갈기처럼 아래로 늘어진다고 해서 붙인 이름이다. 공조팝나무는 꽃 모양을, 갈기조팝나무는 줄기 모양에 초점을

공조팝나무(율동공원, 2021.5.6.)
공 모양의 꽃들이 동글동글 뭉쳐 있다.

맞춘 이름인데, 혹시 두 나무가 같은 것일지도 모르겠다. 이 공조팝나무는 율동공원의 상징물 중 하나다. 공원 호수 산책길 입구에 떡하니 자리하고 있어 이 공원을 찾는 사람치고 여기에서 발걸음을 멈추지 않는 사람이 없다.

'밥' 하면 또 하나 떠오르는 식물이 있다. 박태기나무다. 꽃봉오리 모양이 '밥알'과 같다고 해서 이런 이름을 얻었다. 경상도나 충청도 일부 지역에서는 밥알을 '밥티기'라고 한다. 지역에 따라서는 밥티나무로도 불린다. 꽃이 활짝 피면 밥알은 나비 모양으로 바뀐다.

4월경 잎이 나오기 전에 수십 송이의 자주색 꽃이 줄기에 다닥다닥 붙어 피어나는 모습은 그야말로 장관이다. 조경수로 사랑받는 이유다. 게다가 기후와 토양을 특별히 가리지 않으니 금상첨화다. 중국이 원산인 것으로 알려졌는

박태기나무(맹산자연생태숲, 2021.4.11.)
밥알 모양의 자주색 꽃이 가지마다 다닥다닥 붙어 있다.

박태기나무 꽃(맹산자연생태숲, 2021.4.11.)　　　　박태기나무 열매(인천수목원, 2022.5.27.)

데 지금은 전 세계로 보급되어 있다.

　　그런데 흥미로운 것은 서양에서는 박태기나무를 '유다나무'라고 부른단
다. 예수를 판 바로 그 유다가 이 나무에 목을 매어 죽었기 때문이라는 것이
다. 이 말이 사실이라면 중국의 박태기나무가 유럽으로 건너간 시기가 '구약
성서 시대'까지 거슬러 올라간다는 뜻인데, 이건 좀 이해하기가 어렵다.

보리수와 보리자나무

　　보리수 하면 우리는 으레 종교적 의미에서 부처가 깨달음을 얻었다는 그 나무를 떠올린다. 그러나 부처와 관련된 그 나무는 정확히 말하면 인도보리수다. 이 나무는 우리나라나 중국에서는 자라지 않는다. 인도보리수의 원래 이름은 산스크리트어로 깨달음의 나무라는 뜻의 보디브리쿠샤(Bodhi-vtksa)다. 이것이 중국으로 들어오면서 음역되어 보제수(菩提樹)가 되었다. 그리고 이 보제수가 다시 우리나라로 들어오게 되는데 발음상 그 이름을 그대로 쓰기가 왠지 불편했다. 보제에서 우리 언어적 정서상 여성의 성기가 연상되기 때문이었다. 그래서 원래 우리 땅에서도 자라고 그 이름도 비슷한 보리수로 바꿔 불렀다. 한자로 보제수라 표기하고 보리수라 읽는 상황이 벌어진 것이다.

　　그러나 중국의 보제수는 인도에서 문화적 개념으로 그 이름만 들어온 것이지 식물학적으로 나무가 실제로 도입된 것은 아니다. 중국에는 인도보리수와는 다르지만 비슷한 나무가 자란다. 바로 피나무과의 보리자나무다. 이 보리자나무는 우리나라에 불교가 유입되면서 함께 들어왔고 전국 사찰에 심어졌다.

보리자나무(충북 괴산 각연사, 2022.6.22.)

　　보리자나무와 아주 비슷한 나무가 찰피나무다. 보리자나무는 중국 원산
이고 찰피나무는 중국과 우리나라에서 자생한다. 찰피나무는 보리자나무에
비해 잎 가장자리의 톱니 끝이 길고 예리하며 잎의 폭이 넓고 엽질이 더 얇고
꽃차례의 포(苞)가 더 작은 것이 특징인데 실제로 두 나무를 명확히 구별하기
는 어려운 것으로 알려졌다. 이러한 점을 고려하면 우리나라 사찰에서 자라는
보리자나무에는 중국에서 들어온 것도 있고 또 우리나라 자생종을 옮겨 심은
것도 있을 가능성이 있다.

　　우리 땅에는 보리수라는 이름의 토종 나무가 따로 있다. 인도보리수와 우

리의 보리수나무는 이름은 같지만 식물학적으로는 전혀 다른 종이다. 우리 보리수나무의 어원은 그 열매가 보리쌀을 닮았다고 해서 붙인 것이다. 물론 열매도 먹을 수 있다. 어렸을 적 출출할 때 한 움큼씩 훑어서 입에 넣었던 바로 그 보리수나무다.

우리의 전통적 보리수 무리에는 보리장나무, 보리밥나무도 있는데 이들은 봄에 열매가 익기 때문에 가을에 열매가 익는 보리수나무와 구별된다. 그래서 우리 선조들은 보리수나무를 가을보리수라 부르기도 했다.

보리수 열매(맹산환경생태학습원, 2021.6.20.)

중국에서는 보리수를 우내자(牛奶子)라고 하는데 이는 그 열매가 소의 젖을 닮았다고 해서 붙인 이름이다. 일본에서는 가을에 열매가 익는 수유나무 종류라고 해서 아키구미(추수유秋茱萸)라고 한다. 우리의 '보리'와는 거리가 먼 이름들이다.

일본과 관련한 보리수가 또 하나 있는데 요즘 공원이나 정원에서 많이 만나는 뜰보리수다. 보리수는 보통 꽃자루가 짧으며 열매는 작고 가을에 빨갛게 익는 데 비해, 뜰보리수는 꽃자루가 길며 열매는 크고 여름철에 빨갛게 익는

↑ 보리수(맹산환경생태학습원, 2021.4.30.)
↓ 보리수 꽃(맹산환경생태학습원, 2021.5.2.)

다. 열매만 놓고 얼핏 보면 '산수유'와 비슷하지만 자세히 들여다보면 큰 차이가 있다. 뜰보리수는 열매 겉에 작은 점 같은 돌기들이 돋아 있지만 산수유는 반질반질 윤이 나는 것이 특징이다.

보리수는 사실 불교적 산물은 아니다. 인도에서는 불교 탄생 이전부터 숭배의 대상이었다. 인도인들은 이 나무를 '숲의 왕'이라 불렀다. 우리 선조들이 느티나무 거목을 마을의 성수(聖樹)로 두었던 것과 같은 맥락이다. 그러면 왜 인도에서는 하필이면 보리수가 숲의 왕이 되었을까. 이는 이 나무의 생태 특징과 관련이 있어 보인다. 일단 나뭇가지가 수없이 뻗어서 한 포기만으로도 하나의 작은 숲을 이룰 정도로 무성한 것이 특징이다. 그래서 한창 꽃이 필 무렵에 조금 멀리 떨어져서 보리수를 바라보면 거대한 숲처럼 보인다.

뜰보리수(인천수목원, 2022.6.24.)

1 **인도보리수**(서울식물원, 2023.4.25.)
　열대식물인 인도보리수는 우리나라에서는
　서울식물원, 서천국립생태원, 국립수목원 등
　의 온실에서만 볼 수 있다.
2 **인도보리수**(서울식물원, 2023.4.25.)
3 **인도보리수 열매**(서울식물원, 2023.4.25.)

그러나 보리수는 인도의 전유물이 아니다. 보리수를 성스럽게 여기는 풍습은 인도뿐만 아니라 유럽 전역에 걸쳐 퍼져 있다. 보리수는 유럽의 젊은 연인들이 사랑을 속삭이는 장소였고 많은 시인들은 그러한 서정적인 감성으로 보리수를 노래했다. 슈베르트의 가곡집 〈겨울 나그네〉(1827) 제5곡 '보리수(Der Lindenbaum)'는 빌헬름 뮐러의 시에 곡을 붙인 것이다. 이는 우물가 보리수 옆을 지나 마을을 떠나는 실연한 한 젊은이의 슬픈 감정을 노래한 것이다.

우리가 잘 알고 있는 이명법이라는 식물분류체계를 만든 스웨덴 박물학자 린네는 수도사가 되기 위해 공부하던 중 보리수를 너무 좋아한 나머지 자신의 이름을 아예 보리수의 이름을 본떠 린나에우스(Linnaeus)라고 짓기까지 했다. 그러나 사실 가곡 '린덴바움'은 정확히 표현하면 유럽피나무다. 이것이 일본을 통해 보리수로 번역되어 우리에게까지 들어온 것이다. 어쨌든 지금은 그냥 보리수로 통한다.

작살나무와 좀작살나무

작살은 물고기를 잡는 데 쓰이는 끝이 뾰족한 도구다. 나뭇잎이 작살을 닮았다고 해서 붙인 이름이 작살나무다. 물론 과장된 표현이지만 나무 이름으로는 나쁘지 않다. 작살나무는 낙엽 지는 관목으로 키는 3미터 정도까지 자라고 6~8월에 연자주색의 꽃이 잎겨드랑이에서 모여 핀다. 가을에는 보라색 구슬 열매가 열려 오랫동안 가지에 매달려 있기 때문에 관상수로 심기에 딱 좋다. 학명에 있는 칼리카파(Callicapa)도 아름답다는 뜻의 칼로스(Callos)와 구슬이라는 뜻의 카포스(Carpos)를 합친 말로 '아름다운 구슬'이라는 뜻이다. 영어명은 아예 뷰티베리(Beutyberry)다.

작살나무의 가장 큰 특징은 뭐니 뭐니 해도 독특한 형태의 꽃차례다. 꽃차례는 한 송이 이상의 꽃이 꽃대에 모여 달리는 방식 또는 꽃이 피는 순서를 말한다. 꽃차례는 크게 유한화서와 무한화서로 나뉘고 전체적으로 12개 유형으로 구분된다. 유한화서는 꽃대가 나왔을 때 이미 꽃의 수가 정해진 것이고, 무한화서는 꽃대가 자라면서 이름 그대로 계속 꽃이 피는 것을 말한다. 작살나무는 유한화서이면서 그중에서도 취산화서(聚繖花序)에 해당된다. 집산화

서, 작은모임꽃차례, 복합산형꽃차례, 모인우산꽃차례라고도 하는데, 개인적
으로는 모인우산꽃차례가 가장 마음에 든다.

들꽃이 여러 송이의 꽃을 피울 때 꽃피는 시기를 서로 달리하면 전체적인
개화 시간이 연장되어 꽃가루받이 확률이 높아진다. 효과적인 타가수분 전략
이다. 꽃차례가 취산화서인 들꽃은 꽃대의 맨 위나 안쪽 꽃이 먼저 피고 이어
서 그 아래쪽 가지나 곁가지 쪽 꽃들이 순서대로 핀다.

작살나무를 쏙 빼닮았으면서 잎과 꽃 그리고 열매의 크기만 좀 작다고
해서 따로 구분하는 식물이 좀작살나무다. 그런데 사실 야외에서 관찰해보
면 그 작다는 정도가 눈에 확 띨 정도는 아니다. 오히려 잎의 톱니 모양, 꽃차
례의 위치로 둘을 구별하는 것이 더 확실할 듯싶다. 잎을 보면 작살나무는 잎

작살나무 꽃봉오리(맹산자연생태숲, 2020.6.20.)

작살나무 꽃(맹산반딧불이자연학교, 2020.6.20.)
꽃대가 잎겨드랑이에 바짝 붙어 있다.

작살나무 잎(맹산반딧불이자연학교, 2020.6.26.)
잎 전체에 톱니가 나 있다.

작살나무 열매(밤골계곡, 2021.11.1.)
열매가 좀 허술하게 달린다.

흰꽃 작살나무(인천수목원, 2022.10.04.)
작살나무 꽃의 정체성은 보라색이지만 흰꽃작살나무
도 간혹 관찰된다.

전체에 톱니가 있지만 좀작살나무
는 대개 잎의 윗부분에만 톱니가
발달해 있다. 꽃차례와 잎의 위치
관계도 조금 차이가 있다. 작살나
무는 잎겨드랑이에 꽃대가 바짝
붙어 있는 데 비해 좀작살나무는
상대적으로 잎겨드랑이에서 살짝
떨어져 약간 위쪽에 자리한다.

좀작살나무의 속명에도 작살
나무와 마찬가지로 아름다운 구
슬이라는 의미의 칼리카파가 있
다. 그런데 좀작살나무의 한자어
는 보랏빛 구슬이라는 의미의 자
주(紫珠)다. 그러니 이 둘을 합치
면 결국 '아름다운 보랏빛 구슬'이
된다. 이것이 바로 좀작살나무의
정체성이기도 하다. 작살나무든
좀작살나무든 꽃보다는 열매가
훨씬 돋보인다. 차이점이라면 작살
나무는 열매가 좀 허술하게 달리
는 데 반해 좀작살나무는 마디마
디 매우 촘촘하게 달리는 것이 특

좀작살나무 꽃(맹산환경생태학습원, 2021.6.26.)
꽃대가 잎겨드랑이에서 살짝 떨어져 약간 위쪽
에 자리한다. 잎은 윗부분에만 톱니가 발달해
있다.

좀작살나무 열매(맹산환경생태학습원, 2020.9.29.)
열매가 마디마디마다 매우 촘촘하게 달린다.

징이다. 지리적으로는 산이나 들에 저절로 나서 자라는 것이 작살나무라면 정
원이나 화단에 심어 기르는 것은 대부분 좀작살나무다. 우리 주변에서 쉽게
볼 수 있는 것은 좀작살나무다.

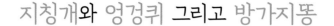

지칭개와 엉겅퀴 그리고 방가지똥

엉겅퀴는 스코틀랜드 국화(國花)다. 여기에는 외적이 잦았던 스코틀랜드 들판으로 침입한 적들이 발소리를 죽이려고 맨발로 들어왔다가 엉겅퀴 가시에 찔려 비명을 지르는 바람에 적을 손쉽게 물리쳤다는 이야기가 그 배경으로 전한다. 적들이 엉겅퀴 밭인 줄 몰랐거나 아니면 비슷하지만 가시가 없는 지칭개로 오인했기 때문인지도 모른다.

따로 식물 공부를 하지 않았음에도 어린 시절 자신 있게 그 이름을 댈 수 있었던 들꽃 중 하나가 엉겅퀴였다. 독특하게 생긴 꽃과 잎 모양, 무시무시한 줄기 가시를 딱 보면 "아, 엉겅퀴"라는 말이 저절로 나왔다. 알고 보니 이건 순전히 내 착각이었다. 자주색 꽃은 엉겅퀴와 똑같은데 가시가 없는 것은 지칭개였고, 엉겅퀴처럼 가시가 험악한데 노란색 꽃이 피는 것은 방가지똥이었다.

지칭개의 어원은 '즈츰개'다. 즈츰과 개가 합쳐진 말로 '즈츰'은 지치다, 힘이 빠지다, 못하다라는 의미이고 '개'는 엉겅퀴의 한자 계(薊)에서 비롯되었다. 이는 엉겅퀴와 용도가 비슷하지만 엉겅퀴에 비해 연약해 보이고 좀 못하다는 뜻이다. 지칭개가 엉겅퀴와 가장 뚜렷하게 구별되는 것이 꽃 크기가 작고 가시가 없다는 점을 고려하면 지칭개라는 이름을 쉽게 이해할 수 있다. 어쨌든 지칭개는 엉겅퀴와 비슷하기는 하지만 엄연히 지칭개속이라는 지위를 가진 독자적인 들꽃이다. 지칭개는 꽃 모양과 크기만 놓고 보면 조뱅이와도 비슷한데 잎 모양이 조금 다르다. 꽃도 엉겅퀴보다 일찍 피며, 꽃이 일찍 피니 홀씨도 일찍 떠날 채비를 한다. 6월에 들어서면 벌써 지칭개는 홀씨 여행을 서두른다. 마치 자전거 바퀴살 같은 날개를 달고 바람이 불어오기만을 기다린다. 새의 깃털을 쏙 빼닮은 홀씨 날개는 자유로운 비행에 최적화된 듯하다.

지칭개에 비해 엉겅퀴는 종류가 꽤 많다. 그중 가장 인상적인 것은 지느러미엉겅퀴와 큰엉겅퀴다. 지느러미엉겅퀴는 줄기에 좁은 지느러미 모양의 잎날개가 돋아 있어 붙인 이름이다. 키는 1미터까지 자라며, 크고 화려한 보라색 꽃이 5월부터 피기 시작해 10월까지 간다. 유럽과 서아시아에서 귀화

엉겅퀴(인천수목원, 2023.6.4.)

지칭개(탑골공원, 2020.5.23.)
엉겅퀴에 비해 꽃이 작고 가시가 없다.

지칭개 홀씨(밤골계곡, 2020.6.4.)

한 외래종으로 알려져 있다. 흰색의 꽃이 피는 것은 흰지느러미엉겅퀴라고 해서 따로 구분한다.

지느러미엉겅퀴는 엉거시라고도 한다. 엉거시라는 말은 '가시가 많은 식물'이라는 의미의 옛말인 '한가새'에서 비롯된 것으로 알려져 있다. '엉'은 많다 또는 크다는 뜻의 '한[대大]'이 변형된 말이고, 거시는 '가시'의 옛말인 '가새[자刺]'가 변한 것이다. 이전에는 국화과를 엉거시과로 부르기도 했다. 지느러미엉겅퀴에 엉거시라는 옛말이 남아 있는 것은 그만큼 엉겅퀴의 특징이 잘 나타나는 식물이기 때문일지도 모른다. 이 꽃을 보고 있으면 꽃보다 온통 가시로 뒤덮인 잎과 줄기가 더 강렬하게 눈에 들어온다.

큰엉겅퀴는 엉겅퀴류 중에서 가장 개성이 강해 첫눈에 구별된다. 꽃송이가 무거워서인지 머리모양꽃차례가 줄기와 함께 할미꽃처럼 고개를 푹 숙이고 있는 모습 때문이다. 엉겅퀴 중에는 가시가 없는 것도 있지만, 엉겅퀴의 상징은 역시 가시다.

엉겅퀴의 또 다른 종인 조뱅이는 조방가시(조방거식, 조방거색曺方居塞)에서 비롯된 이름으로 작은 가시라는 의미다. 엉겅퀴의 옛 한자식 표현인 대거색(大居塞)에 상대되는 이름이다.

엉겅퀴의 속명 치르시움(Chirsium)은 그리스어 kirsos에서 온 것으로 이는 혈관이 부풀어 오르는 '정맥종'이라는 뜻이다. 엉겅퀴가 정맥종 치료제로 쓰였기 때문에 붙인 것이다. 이러한 어원과 관련해서 엉겅퀴를 '피를 잘 엉기게 하는 식물'이란 뜻으로 풀이하기도 한다. 엉겅퀴는 한방에서 '대계(大薊)'라 하고 지혈제로 이용한다.

엉겅퀴의 머리모양꽃차례는 마치 우리 고유의 상투를 닮은 것 같기도 하

지느러미엉겅퀴(포은정몽주선생묘역, 2020.6.1.)

지느러미엉겅퀴 잎(포은정몽주선생묘역, 2020.6.1.)
줄기에 좁은 지느러미 모양의 잎날개가 돋아 있다.

지느러미엉겅퀴 뿌리잎(포은정몽주선생묘역,
2021.11.29.)
엉겅퀴류는 전형적인 '로제트' 식물이다. 로제트,
즉 방석 모양의 뿌리잎을 내고 겨울을 나면서
광합성작용을 통해 영양분을 축적한다. 이
영양분은 다음 해 봄철에 꽃대를 올리고 꽃을
피우는 데 유용하게 쓰인다.

큰엉겅퀴(밤골계곡, 2020.8.28.)
머리모양꽃차례가 줄기와 함께 할미꽃처럼 고개를 푹
숙이고 있다.

다. 가시가 없는 엉겅퀴도 있으니 엉겅퀴의 상징성을 가시보다는 상투로 해서 상투꽃이라 부르는 것도 나쁘지 않을 것 같겠다. 그러면 큰엉겅퀴는 할미상투꽃쯤 될 것이다.

2020년 10월 27일 금요일 오후, 포은정몽주선생묘역 인근 한적한 텃밭 돌담길.

"뭘 그렇게 찍으시우?"

텃밭 일을 한창 하시던 아주머니께서 내 쪽을 향해 말을 던지셨다. 식물 앱에서 이미 확인한 터라 나는 자신 있게 대답했다.

"큰방가지똥이요!"

"뭐시라고요?"

꽤 거리가 떨어져 있기도 하고 마스크 때문에 잘 안 들리시나 해서 큰소리로 다시 한 번 외쳤다.

"큰방가지똥이요!"

내 쪽을 힐끔 내려보시더니 말을 이으신다.

"에이, 그기 엉거진디~."

"네?"

"엉거지!"

"엉거지가 뭐예요?"

"엉겅퀴~. 여기선 엉거지라 해~."

"아~ 네~."

"옛날엔 허리 아픈 데 좋다고 해서 고아 먹고는 했는데 지금이야 워낙 약이 좋아져서 뭐~."

그런데 좀 이상하다. 꽃봉오리가 노란색으로 부풀어 오른 것이 눈에 띄었기 때문이다. 엉겅퀴는 자주색 꽃이 아니던가. 그래서 재차 물었다.

"이 '엉거지'는 무슨 꽃이 피나요?"

"노란색이지~."

"어, 네~~."

"근디 그건 왜 찍어요? 그림 그릴려구?"

사진 찍으면서 이런 소리는 처음 들어본다. 그림이라니?

"아~ 네~~~."

그러고는 꽃이 궁금해서 11월 3일 그곳을 다시 찾았다. 아주머니는 계시지 않았고 터질 듯 부풀어 올랐던 봉오리들이 열리면서 노란색 꽃들이 피어나기 시작하고 있었다. 아주머니가 내게 자신 있게 가르쳐준(?) 그 들꽃은 큰방가지똥이었다. 큰방가지똥은 꽃만 노란색이지 전체적인 특징은 엉겅퀴를 쏙 빼닮았다. 식물을 분별하는 데는 그래서 꽃이 무척 중요하다. 큰방가지똥은 국화과의 해넘이한해살이풀이다. 잎은 가시투성이의 엉겅퀴를, 꽃은 노란 민들레를 닮았다. 엉겅퀴와 민들레를 뒤섞어놓은 듯한 모양이다. 형제지간인 방가지똥은 민들레, 큰방가지똥은 엉겅퀴 쪽에 더 가깝다. 큰방가지똥 하나만 놓고 보면 아래쪽 잎과 위쪽 꽃은 민들레를, 그 사이 줄기잎은 엉겅퀴를 닮았다.

큰방가지똥의 잎은 어떤 면에서는 엉겅퀴보다 더 억세 보인다. 잎 가장자리를 따라 돋은 가시 모양의 톱니 때문이다. 이런 잎가시는 오랜 시간이 지나면 아예 선인장처럼 잎은 사라지고 가시만 남을지도 모르겠다. 어쨌든 현재로서는 큰방가지똥의 가시는 크기만 컸지 엉겅퀴에 비하면 부드러운 편이다.

방가지의 어원은 명확하지 않지만 똥은 분명히 우리가 알고 있는 그 똥이다. 식물 이름에는 똥, 오줌이 꽤 많이 쓰인다. 그러면 방가지의 정체는 무엇일까? 《한국 식물 생태 보감》의 저자 김종원은 방가지가 '방아깨비'의 지방어라는 점을 들어 '방아깨비 똥'의 의미로 썼을 것이라 했다. 방가지똥이나 큰방가지똥은 그 줄기를 자르면 흰색 액체가 나오고 이내 공기와 접하면 거무스름하게 변하는데, 이것이 바로 위험에 처한 방아깨비가 내놓는 배설물과 비슷하다는 것이다. 《꽃들이 나에게 들려준 이야기》의 저자 이재능은 방가지가 '삽살개 강아지'였을지도 모른다는 아주 흥미로운 주장을 펼치고 있다. 한자 '삽살개 방(尨)' 자가 그 근거가 될 수 있다는 것이다. 삽살개 강아지는 곧 '방강아지'가

큰방가지똥(포은정몽주선생묘역, 2020.11.3.)
꽃만 노란색이지 전체적인 특징은 엉겅퀴를
쏙 빼닮았다.

큰방가지똥 잎(포은정몽주선생묘역, 2020.10.30.)
잎의 가시는 보기에는 섬뜩하지만 엉겅퀴에 비하면
부드러운 편이다.

되니 여기에서 방가지가 나왔을 가능성을 배제할 수 없다고 한다.

방가지똥류는 매우 인간 친화적인 식물이다. 주로 농경지, 그중에서도 밭둑 주변에서 잘 자란다. 식물학에서는 흔히 밭 경작지 잡초종으로 분류된다. 2000여 년 전 철기시대 유적지에서 발굴된 방가지똥

큰방가지똥 뿌리잎(포은정몽주선생묘역, 2021.11.29.)

종자가 싹을 틔웠다는 기적적인 뉴스에서 보았듯, 이들이 얼마나 열악한 환경에서도 꿋꿋하게 생존하는지를 알 수 있다. 그런데 방가지똥보다 큰방가지똥이 더 험한 환경에서 살아간다고 한다. 계절변화에 대한 내성이 강해서 꽃을 피우는 시기도 5월부터 10월까지 무려 6개월이고 남쪽 지방에서는 12월까지 연장이 된단다. 생명력 하나 참 대단하다. 우리 동네 탄천에서는 그늘지고 흙도 빈약한 시멘트 다리 아래 돌 축대 사이에서 큰방가지똥 한 그루가 아주 씩씩하게 자라고 있다.

개여뀌와 명아자여뀌

개여뀌는 마디풀과 여뀌속의 한해살이풀이다. 여뀌라는 이름을 달고 있는 식물은 모두 39종에 이른다. 가시여뀌, 개여뀌, 겨이삭여뀌, 기생여뀌, 끈끈이여뀌, 대동여뀌, 장대여뀌, 좀여뀌, 바보여뀌, 봄여뀌, 털여뀌, 흰여뀌 등이다. 이 중에는 개여뀌처럼 여뀌의 정체성을 살짝 벗어난 녀석들도 있다.

여뀌의 고유한 성질은 매운맛이다. 한반도 북부와 만주 지역의 방언인 '맵쟁이'는 여뀌의 그 속성을 잘 말해준다. 영어 이름 워터페퍼(water pepper) 그리고 종소명 하이드로파이퍼(*hydropiper*)도 '물고추'라는 의미다. 여뀌를 뜻하는 한자 蓼(료)는 춘추전국시대 요나라를 가리키기도 하고 '좁고 작은 땅 모양'을 의미하기도 한다.

여뀌 잎은 보통 복숭아 잎, 버들잎을 닮았다고 표현하는데 이는 작고 좁은 잎 모양 때문이다. 여뀌의 속명인 페르시카리아(*Persicaria*)도 '복숭아 같다'는 뜻의 그리스어에서 왔다. 중국 상하이 남쪽 저장성(浙江省)에서는 '柳蓼(류료)', 만주 지역에서는 '버들여뀌'라는 이름으로 불린다. 아주 멀리 떨어져 살아도 다들 보는 눈은 비슷한 모양이다.

그런데 사실 우리말 여뀌의 본뜻은 매운맛도 아니고 버들잎도 아니다. 여뀌는 고어 '엿긔(엿귀, 엿괴)'에서 나온 것으로 알려져 있는데 이는 '꽃대 하나에 여러 개의 종자가 줄줄이 얽혀 매달려 있는 모양'을 가리킨다. 다름 아닌 여뀌의 송이모양꽃차례(총상화서總狀花序)다.

모든 여뀌가 매운 것도 아니고 개여뀌 역시 맵지 않다. 싱거운 맛이다. '개'라는 말이 아주 흔하다는 의미이기도 하지만 '본성'을 벗어났다는 뜻으로 쓰였다고 해도 그리 틀린 말은 아닐 듯하다. 개여뀌라는 이름은 일본명 이누타데(犬蓼)와 관련이 있는 것으로 알려져 있다.

개여뀌의 또 다른 특징은 턱잎(탁엽托葉)에 숨어 있는 수염털이다. 잎집(엽초葉鞘)을 닮은 턱잎은 통 모양인데 그 가장자리에 가시처럼 생겼지만 아주 부드럽고 긴 수염털이 돋아 있다. 그야말로 '턱수염'이다. 개여뀌의 종소명인 롱지세타(longiseta)도 '가시같이 생긴 긴 털'이라는 뜻의 라틴어. 개여뀌는 매운맛을 버린 대신에 턱수염을 얻은 셈이다.

잎집이란 잎자루가 없는 식물에서 잎자루 대신 잎 아래쪽 부분이 줄기를 감싸는 구조를 말한다. 마치 칼을 감싸는 칼집 같은 모양으로 생겨 이런 이름을 붙였다. 잎집은 주로 외떡잎식물에서 보이는 특징으로 대부분 길고 끝이 뾰족한 모양이다. 그런데 줄기 없이 바나나처럼 오로지 잎집으로만 스스로 지탱하는 식물도 있다. 바나나에서 줄기처럼 보이는 것은 여러 겹의 잎집들이 포개진 것일 뿐 줄기는 아니다. 진짜 줄기는 뿌리줄기로 땅속에 감춰져 있다. 혹시 개여뀌의 아주 먼 조상이 바나나일지도 모르겠다는 엉뚱한 상상을 해본다.

개여뀌를 두 배로 덩치를 키워놓은 듯한 것이 이름 그대로 큰개여뀌다. 보통 명아자여뀌라고 한다. 사실 여뀌라는 이름이 붙은 식물들은 대개 그 꽃차

1 개여뀌(밤골계곡, 2020.9.1.)

2 개여뀌(밤골계곡, 2020.9.1.)

3 개여뀌 수염털(밤골계곡, 2020.9.1.)
턱잎 가장자리에 부드러운 수염털
이 길게 돋아 있다.

례와 꽃 모양이 비슷비슷해서 이들을 구별해내기가 여간 어렵지 않다. 그런데 이 명아자여뀌는 확실히 구별되는 지표가 있다. 키가 크고 그와 비례해서 줄기와 가지 그리고 마디가 굵다. 명아자여뀌는 최대 1.5미터까지 자라니 한해살이 여뀌류 가운데 가장 덩치가 큰 녀석인 셈이다. 큰 키 덕분에 이 녀석만큼은 사진을 찍으려 쪼그리고 앉지 않아도 된다. 줄기는 전체적으로 붉은빛이 돌고 짙은 적색 점까지 찍혀 있다.

굵은 마디를 둘러싸고 있는 턱잎은 잎집 형태로 반투명한 얇은 종이처럼 생겼다. 뭐니 뭐니 해도 명아자여뀌의 정체성은 바로 굵은 마디다. 이러한 특성은 학명과 이름에도 그대로 드러나 있다. 종소명 노도사(*nodosa*)는 마디(node)가 뚜렷하다는 뜻의 라틴어다. 명아자(螟蛾子)라는 이름은 곤충이 식물체 줄기 속을 파먹거나 그 속에 알을 낳으면서 마디가 굵어졌다고 믿은 데서 비롯된 것이란다. 마디를 빼놓고는 명아자여뀌를 이야기하기 어렵다.

그런데 흥미로운 것은 실제로 명나방 등의 곤충이 식물체 줄기 속에 알을 낳아도 마디는 굵어지지 않는다는 점이다. 마디가 굵어지는 진짜 이유는 생태 환경과 관련이 있는 것으로 알려져 있다. 부영양화된 땅을 좋아하는 명아자여뀌는 주로 도시 근처 하천 주변에서 무리 지어 산다. 하천가는 수심이 수시로 변하는 곳으로, 수심이 깊어져서 물에 잠기면 마디 부분이 부풀어 올라 두터워진다. 공기를 저장하는 기관을 만드는 것이다.

명아자여뀌 꽃은 6~10월에 송이모양꽃차례에서 적자색이나 흰색으로 핀다. 꽃색 때문에 종종 흰여뀌로 오해받기도 한다. 흰여뀌도 간혹 적색 꽃을 피우기 때문이다. 그러나 이 둘은 꽃차례의 크기와 모양이 달라 조금만 찬찬히 들여다보면 쉽게 구별할 수 있다. 명아자여뀌는 꽃차례 길이가 10센티미터

명아자여뀌(탄천, 2020.10.19.)

명아자여뀌 줄기(탄천, 2020.10.19.)
마디가 굵은 줄기는 붉은빛이 돌고 짙은
적색 점이 찍혀 있다.

정도로 길고 아래로 처지지만 흰여뀌는 꽃차례가 5센티미터 정도로 짧고 대개 꼿꼿하게 서 있다. 가을철에 탄천 변을 산책하다 보면 가장 눈에 먼저 들어오는 것이 바로 명아자여뀌 무리다. 물가에 바짝 붙어 자라는 것을 보면 수생식물까지는 아니지만 물을 그리 겁내지 않는 녀석들인 것만은 분명하다.

병꽃 가족

병꽃이라는 이름을 가진 식물이 몇 있다. 그런데 같은 병꽃이지만 유전적 특성과 식물학적 특성이 또 이렇게 다른 식물 가족도 흔치 않을 것이다. 병꽃나무과의 갈잎떨기나무(낙엽관목)인 병꽃나무와 붉은병꽃나무 그리고 꿀풀과의 여러해살이풀인 긴병꽃풀이 그 예이다.

병꽃나무는 꽃과 열매가 길쭉한 병처럼 생겼다고 해서 붙인 이름이다. 그러나 내가 보기에 꽃 모양은 사실 병보다는 깔때기에 가깝다. 병꽃나무 꽃의 생태 특성은 아주 흥미롭다. 처음에는 연한 녹색 꽃이 피지만 수분이 끝나면 꽃잎의 안쪽이 붉은색으로 변한다. 곤충에게 더 이상 귀찮게 찾아오지 말라는 신호일 수도 있겠다. 한창 병꽃나무가 꽃을 피우는 계절에는 한 나무에 녹색 꽃과 붉은색 꽃이 섞여 독특한 풍광을 보여준다. 꽃피는 시기가 조금씩 다르기 때문이다.

그런데 병꽃나무와 달리 처음부터 연한 붉은색 꽃이 피는 녀석도 있다. 바로 붉은병꽃나무다. 병꽃나무가 저지대의 산골짜기 개울가에서 잘 자라는 데 비해 붉은병꽃나무는 주로 높은 산지를 주 서식지로 삼고 있다. 우리 눈에 잘 띄는 것이 붉은병꽃나무가 아니라 병꽃나무인 이유다.

이렇게 꽃색만으로는 구별하기 어려운 또 하나의 병꽃나무류가 있는데 바로 붉은색 꽃이 피는 골병꽃나무다. 골병꽃나무는 골짜기에서 주로 자라는 나무라는 뜻이다. 붉은병꽃나무와 골병꽃나무를 구별하려면 꽃받침의 갈라짐을 비교해보면 된다. 붉은병꽃나무는 꽃받침이 중간쯤까지만 갈라져 있지만 골병꽃나무는 병꽃나무와 같이 밑부분까지 깊숙이 갈라져 있다.

병꽃이라는 이름표를 달고 있는 식물이 또 하나 있다. 긴병꽃풀이다. 긴병꽃풀은 병꽃나무처럼 병 모양이라는 뜻인데 '긴'이라는 단어를 덧붙여 병 모양을 다시 한 번 강조한다. 상대적으로 비교될 만한 짧은병꽃풀이 없는데도 말이다. 긴병꽃풀은 궁금한 게 너무 많다.

우선 도감에는 꽃이 잎겨드랑이에서 1~3송이씩 달린다고 되어 있는데 내가 본 것은 모두 2송이가 한 쌍을 이루고 있었다. 그리고 꽃 아랫입술이 3갈래로 갈라진다고 되어 있는데 실제로 보면 그중 가운데 하나는 입술이라기보다 혀 모양에 가깝고 그 끝이 다시 살짝 갈라져 있어 전체적으로는 4갈래로 갈라져 있는 것처럼 보인다.

혀 모양의 아래 꽃잎은 다시 안쪽과 바깥쪽 두 공간으로 나누어지고 양쪽에 모두 비슷한 자주색 무늬가 있다. 이는 곤충을 안내하는 일종의 허니 가이드일 것이고 넓적한 아랫입술은 곤충의 안전한 '착륙장' 역할을 할 것이다. 흥미로운 것은 안쪽 공간으로 들어가는 입구에 송송 솟아 있는 솜털들이다. 곤충이 꿀을 찾아 기어 들어가는 입구에 굳이 이런 '장애물'을 배치한 것이 여간 궁금한 게 아니다. 이 털 때문인지 간혹 '~광대수염'으로도 불린다고도 하는데, 진짜 '광대수염'과 헷갈릴 수 있으니 바람직한 표현은 아닌 듯싶다. 《화

| 1 | 2 |

| 3 |

1 병꽃나무 (맹산자연생태숲, 2021.4.11.)
  처음 피는 꽃은 연한 녹색이지만 꽃가루받이가
  끝나면 꽃잎 안쪽이 붉은색으로 변한다.

2 병꽃나무 열매 (맹산환경생태학습원, 2021.11.20.)

3 붉은병꽃나무 (밤골계곡, 2021.5.18.)
  꽃이 피기 시작할 때부터 붉은색이며, 바깥쪽이
  안쪽보다 더 짙은 붉은색을 띤다.

긴병꽃풀(밤골계곡, 2021.4.28.)

살표 풀꽃도감》의 저자 이동혁은 긴병꽃풀에서는 '연필심 냄새'가 난다고 했다. 진작 알았더라면 코를 바싹 대보았을 텐데 다음 봄에 꼭 기회를 마련해야겠다.

긴병꽃풀과 비슷한 식물이 있다. 약용으로 재배하는 허브식물 병풀(*Centella asiatica*)이다. 꿀풀과인 긴병꽃풀과는 달리 미나리과에 속하는 식물이다. 병풀은 약국에서 쉽게 구해 사용하는 '마데카솔'의 원료로 사용하는 식물로 호랑이풀이라고도 한다. 바르는 연고가 많지 않았던 우리 어렸을 적에는 뚜껑에 호랑이 얼굴이 그려진 '호랑이연고'가 만병통치약으로 통했다. 병풀이 워낙 인기가 있지만 가격이 비싸고 구하기도 어렵다 보니 간혹 긴병꽃풀을 병풀이라고 속여 파는 사례도 있다고 한다.

꽃마리와 참꽃마리

꽃마리는 그 이름만 들어도 정겹다. 전 세계적으로 꽃마리류는 대략 85종 인데 우리나라에는 꽃마리, 참꽃마리, 덩굴꽃마리, 거센털꽃마리 등이 자생한다. 꽃마리는 원래 '꽃말이'가 변형된 것으로, 이는 가느다란 줄기 끝에 나선 모양의 꽃차례가 시계태엽처럼 말려 있다가 점차 펴지면서 꽃이 핀다는 의미다. 이러한 꽃차례를 권산꽃차례(권산화서卷織花序)라고 한다.

꽃마리의 키는 10~30센티미터 정도로 아주 작은 편이지만 상대적으로 꽃대가 길게 뻗어 나오고 그 끝에서 연한 남색 꽃이 핀다. 꽃대 길이는 5~20센티미터에 이르고 여기에서 돋아나오는 꽃자루도 3~9밀리미터 정도로 긴 편이다. 종명 페둔클라리스(peduncularis)도 '긴 꽃자루'를 의미한다. 그러나 꽃은 아주 작아서 지름이 2밀리미터밖에 되지 않는다. 작은 키에 비해 잎이 아주 무성하고 줄기와 잎에 털이 돋아 있다.

꽃마리와는 달리 참꽃마리의 꽃차례는 총상꽃차례다. 꽃마리처럼 시계태엽 모양이 아니다. '참'이라는 이름이 무색하다. 잎과 꽃도 꽃마리에 비해 큼직큼직하다. 꽃 지름이 10밀리미터에 달하니 꽃마리의 5배 크기다. 이름만 놓

꽃마리(성남시청공원, 2021.4.10.)

꽃마리(분당천, 2021.3.26.)
꽃차례가 시계태엽처럼 말려 있다가
점차 펴지면서 자그마한 꽃을 차례로
피운다.

참꽃마리(밤골계곡,2021.4.19.)
꽃차례는 시계태엽 모양이 아니고 잎과 꽃도 꽃마리에 비
해 큼직큼직하다.

고 보면 두 녀석이 서로 뒤바뀐 건 아닌가 하는 생각이 든다. 참꽃마리는 주변에서 너무 흔하게 보여서 잡초 취급을 받기도 한다. 그러고 보면 '참'이라는 접두어는 '진짜'라기보다 '흔하다'는 의미인 듯하다. 꽃마리에 비해 잎이나 줄기에 털이 없는 것도 특징이다.

으아리와 사위질빵

으아리는 미나리아재비과 으아리속의 낙엽덩굴성나무다. 식물분류상 낙엽 반관목이라 나무도감에 들어 있기는 하지만 학자에 따라서는 다년생초본으로 분류하기도 한다. 으아리는 통증을 의미하는 '아리다' 또는 맺힌 덩어리를 의미하는 '응어리'와 음운상 유사하다. 따라서 으아리라는 이름은 그 약재가 독성으로 인해 아린 맛을 낸다는 뜻, 또는 응어리진 것을 제거하는 약성이 있다는 뜻에서 유래했을 것으로 추정한다. 세계적으로 으아리속으로 불리는 종은 대략 300종이고 우리나라에는 그중 18종이 자생하는 것으로 알려져 있다. 이 가운데 우리 동네에서는 큰꽃으아리, 외대으아리 그리고 사위질빵을 쉽게 볼 수 있다.

으아리 무리 중 가장 돋보이는 것은 큰꽃으아리다. 큰꽃으아리는 이름 그대로 꽃의 형태가 으아리와 비슷하고 꽃이 크다고 해서 붙인 이름이지만 사실 꽃의 형태 특징에서 둘은 닮은 구석이 없다. 둘 다 약재로 쓰이는데 한방에서 부르는 이름도 큰꽃으아리는 철전연(鐵轉蓮)이니 으아리의 위령선(威靈仙)과는 거리가 멀다. 유전적으로 큰꽃으아리는 오히려 '종덩굴'에 더 가깝다. 큰꽃으아

으아리(밤골계곡, 2021.8.5.) 　　　　　　　　　으아리 잎(밤골계곡, 2021.8.5.)
　　　　　　　　　　　　　　　　　　　　　잎이 밋밋하다.

리는 국내에 자생하는 으아리속 중 꽃이 가장 크다. 큰꽃으아리는 '깨끗한 꽃'
을 보기 어렵다고 하는데 꽃이 커서 그런지 꽃이 피기 시작하는 순간부터 온
갖 곤충이 몰려들어 상처를 쉽게 입기 때문이란다.

　　큰꽃으아리의 꽃잎은 8장이다. 정확히 말하면 꽃잎은 아니고 꽃받침 조
각이 변형된 것이다. 이 '8장의 꽃잎'은 '피보나치수열'의 네 번째에 해당된다.
피보나치수열이란 꽃잎 수가 늘어나는 데에는 나름의 규칙성을 가지고 있다
는 것이다. 대개의 꽃잎 수는 예외가 있지만 1, 2, 3, 5, 8, 13, 21, 34, 55 등으로
나열된다. 이때 꽃잎 수는 앞의 두 수 합이 다음 수가 되는 규칙이 있는데 이
것이 바로 피보나치수열이다. 큰꽃으아리의 꽃잎 수 8은 그 앞의 두 수, 즉 3과
5의 합인 것이다.

큰꽃으아리(맹산환경생태학습원, 2021.5.2.)
꽃도 크고 꽃잎처럼 보이는 꽃받침 수도 많다.

큰꽃으아리에 비교되는 것이 외대으아리다. 외대으아리는 여러 송이의 꽃이 원추상꽃차례로 모여 피는 보통의 으아리와는 달리 하나의 줄기에 꽃이 1~3송이만 달리는 것이 특징이다. 외대으아리라는 이름도 이런 특성에서 비롯된 것이다. 한반도 고유종이면서 희귀종으로 알려져 있다. 늦봄~초여름에 꽃을 피우는 전형적인 '간절기' 들꽃이다.

으아리속 중 사위질빵의 꽃은 큰꽃으아리나 외대으아리와는 달리 아무리 들여다봐도 으아리와 똑같다. 이름은 전혀 다른데도 말이다. 꽃피는 시기도 6~10월로 완벽하게 겹친다. 물론 둘을 구별하는 기준이 없지는 않다. 바로 잎이다. 으아리는 잎 가장자리가 밋밋하지만 사위질빵은 날카로운 톱니 모양으로 되어 있다. 사위질빵이라는 이름은 '장모 사랑'에 닿아 있다. 처갓집에 농사일을 도우러 온 사위가 힘들지 않게 장모는 다른 사람들보다 '가벼운 짐'을 지게 했다. 그런데 그

외대으아리(포은정몽주선생묘역, 2021.6.1.)
하나의 줄기에 꽃이 1~3송이만 달린다.

짐이 얼마나 가벼운지 사위질빵의 줄기로 질빵을 만들어도 끊어지지 않을 정도였다는 거다. 목질화된 사위질빵 줄기는 의외로 연약하다.

사위질빵은 한 해에 두 번 '꽃'이 핀다. 여름에 한 번 그리고 겨울에 한 번이다. 물론 겨울에 꽃이 필 리는 없다. 깃털로 화려하게 장식한 사위질빵 열매들이 덩굴가지에 주렁주렁 매달려 있는 모습이 마치 봄철 매화가 만발한 듯한 착각을 일으킨다. 가짜꽃이지만 꽃이 귀한 겨울 한철 우리 눈이 호사를 누린다. 숲해설가 이승미는 사위질빵 꽃에서 '굴뚝 있는 초가집 사이에서 나는 초저녁 향기'를 느낀다고 했다. 내 코에는 '바짝 마른 겨울꽃'에서도 그 향기가 느껴지는 듯하다.

사위질빵과 비슷한 꽃으로 할미밀망이 있다. 질빵은 짐을 메기 위해 메는 멜빵, 밀망은 촘촘한 그물을 뜻하는 것으로 두 단어 모두 방언에서 유래되었는데 할미밀망은 할미밀망→할미질빵→할미밀망이라는 약간 복잡한 변화를

사위질빵(밤골계곡, 2021.8.5.)

사위질빵 잎(밤골계곡, 2021.8.5.)
잎이 날카로운 톱니 모양으로 되어 있다.

사위질빵 열매(밤골계곡, 2021.12.20.)

사위질빵 열매(밤골계곡, 2021.12.20.)
겨울철 마른 가지에 무성하게 달린 깃털 장식 열매가 마치 봄철 매화를 보는 듯한 착각을 일으킨다.

거쳐 현재에 이른 것으로 설명된다. 사위질빵이 여름꽃이라면 할미밀망은 5월에 피는 봄꽃이니 계절상으로 둘은 뚜렷이 구별된다. 그런데 재미있는 것은 할미밀망이라는 이름의 기원이 사위질빵과는 정반대라는 것이다. 즉 며느리가 시어미에게 더 많은 짐을 짊어지게 하려고 아주 튼튼한 할미밀망 줄기로 질빵을 만들었다는 이야기다. 사위질빵과 할미밀망을 바로 옆에 놓고 시험해보기 전에는 그 진위 여부를 알아내기는 어렵겠지만 선조들의 유쾌한 해학을 엿볼 수 있는 흥미로운 이야깃거리가 아닌가 싶다.

들국화 삼총사

고려 말 목은 이색 선생은 시 〈한적한 거처〉에서 구절초(九折草)를 '중양절(重陽節) 들국화'라 했다. 구절초는 이 꽃이 만발하는 중양절, 즉 음력 9월 9일에 채취하는 것이 가장 약효가 좋다고 해서 붙인 이름이다. 지금 우리의 '들국화' 역사가 목은 선생에까지 거슬러 올라간다는 사실이 놀랍다. 물론 들국화라는 이름을 가진 들꽃은 없다. 목은 선생이 들국화라 했던 구절초도 벌개미취, 쑥부쟁이 등을 함께 일컫는 일종의 집합명사일 뿐이다.

그러면 왜 목은 선생이 군이 구절초를 콕 찍어 중양절 들국화라고 했을까. 혹시 구절초가 가장 개성이 뚜렷한 들꽃이었기 때문은 아닐지 모르겠다. 구절초는 연분홍색 꽃도 피지만 대부분 흰색이고, 잎도 벌개미취나 쑥부쟁이와는 달리 쑥잎처럼 깊이 갈라져 있다. 벌개미취와 쑥부쟁이는 비슷하기는 하지만 잎의 크기와 모양이 조금씩 다르다. 벌개미취는 줄기가 튼튼하고 여기에 달린 잎들도 10센티미터 이상으로 길다. 좀 과장한다면 큰 잎이 손바닥만 한 것도 있다. 잎 가장자리는 밋밋한 편이다.

이에 대해 쑥부쟁이는 상대적으로 잎이 작으면서 특히 아래쪽 잎에 굵은 톱니가 발달해 있다. 벌개미취의 굵고 튼튼한 줄기, 큼직큼직한 잎과 꽃은 그 존재감이 확실하다.

들국화 중에서도 대표를 하나 꼽으라면 구절초다. 구절초는 넓은잎구절초라고도 한다. 산구절초가 살짝 유전자 변형을 일으킨 것으로 알려졌다. 산구절초는 잎이 가늘게 완전히 갈라진 것이 특징인데, 구절초는 상대적으로 잎이 넓적하고 꽃도 훨씬 큼지막하다. 구절초는 고산지대를 좋아하는 산구절초와는 달리 낮은 구릉지나 마을 주변에서 잘 자란다. 가는잎구절초 또는 포천구절초로 불리는 것도 있는데 이들도 큰 범주에서 산구절초로 취급한다.

구절초는 9~11월에 줄기 끝에서 한 송이씩 흰색 또는 연한 붉은색 꽃이 핀다. 구절초와 비슷하게 생긴 쑥부쟁이류보다 약 한 달 정도 늦게 꽃을 피우는 것이다. 늦가을에 꽃과 잎이 시들면 줄기 아랫부분은 목질화되고 이 상태

구절초(낙생대공원, 2020.11.9.)
줄기 끝에서 흰색 또는 연한 붉은색 꽃이 한 송이씩 핀다.

산구절초(인천수목원, 2022.10.4.)

로 겨울을 난다. 이듬해 봄이 되면 이 목질화된 줄기 끝에서 다시 솜털로 덮인 새잎이 돋는다. 우리 동네에서 구절초를 처음 본 것은 2020년 11월 초순 판교 낙생대공원에서였다.

벌개미취는 벌판에서 잘 자라는 개미취라는 뜻으로 지은 이름이다. 황량한 벌판에서 단련되어서인지 병충해도 적고 번식력도 강해서 공원 화단에서 원예용으로 많이 재배한다. 우리 고유 토종 식물로 1949년 2월 잠시 고려쑥부쟁이로 불리다가 그해 11월부터 공식적으로 벌개미취가 되었다. 벌개미취는 7~10월에 지름 4.5센티미터 정도의 연한 자주색 꽃을 피운다. 참취속에 속하는 녀석들 중에서 가장 꽃이 크다. 율동공원 한구석에서 만난 벌개미취 꽃을 손으로 재어보니 꽃 지름이 손가락 두 마디 정도나 된다.

벌개미취를 말할 때 개미취를 빼놓을 수 없다. 벌개미취는 개미취와 비슷한 자주색 꽃이 피기는 하지만 개미취와 달리 꽃 지름이 5센티미터 정도로 두 배 가까이 되고 또 꽃들도 각각 한 송이씩 흩어져 피어 있어 뭉치꽃인 개미취와는 쉽게 구별된다.

개미취는 참취라는 식물에 개미라는 이름을 덧붙인 것이다. '개미'를 붙인 이유에 대해서는 곤충 기원설과 환경 기원설 두 가지로 설명한다. 곤충 기원설은 개미를 곤충으로 보는 입장이다. 꽃대에 돋아 있는 작은 털이 마치 개미가 붙어 있는 모양 같다는 뜻이다. 한편으로는 뿌리 모양이 개미를 닮았다는 주장도 있다. 환경 기원설은 개미를 '물기가 많은 땅'이라는 뜻을 지닌 우리 옛말로 보는 관점이다. 개인적으로는 후자 쪽일 가능성이 높다는 생각이다. 꽃대에 붙어 있는 자잘한 털이 진짜 개미 모습과는 거리가 먼 데다가 개미취가 실제로 습한 땅을 좋아하는 것은 사실이니까 말이다.

개미취라는 이름이 등장하기 전까지는 1417년부터 1936년까지 무려 500여 년 동안 탱알이라는 우리 토속어가 널리 사용되었다. 탱알은 개미취의 뿌리가 탱글탱글한 모양이라는 점을 강조하는 이름이다. 이런 이유를 들어 김종원은 《한국 식물 생태 보감》에서 지금이라도 개미취를 탱알로 고쳐 부를 것을 제안하고 있다. 이 제안을 받아들인다면 벌개미취는 벌탱알이 된다. 아주 재미있는 이름이다. 곤충 개미와 혼동하는 일도 없을 것이다.

개미취는 8~10월에 연한 자주색으로 지름 3센티미터 정도의 자그마한 꽃이 핀다. 이 꽃들은 가지마다 모여 피는 특성이 있는데 모이다 못해 겹치기까지 한다. 꽃잎(혀꽃) 수가 상당히 적음에도 엉성한 느낌이 들지 않고 오히려 풍성해 보이는 것은 이 때문이다. 꽃이 뭉쳐 있기는 하지만 아래쪽 꽃대는 길고 위쪽은 상대적으로 짧아 전체적으로 고른꽃차례를 이룬다. 이 뭉치꽃의 자

벌개미취(율동공원, 2020.10.28.)
연한 자주색의 큰 꽃이 한 송이씩 흩어져서 핀다.

개미취(율동공원, 2020.11.2.)
연보라색의 작은 꽃들이 머리 쪽에서 뭉쳐 핀다.

주색을 살짝 노란색으로 바꿔놓고 그 크기를 조금만 줄이면 그 모양새는 영락없이 '산국'이 된다.

쑥부쟁이는 쑥과 부쟁이를 합친 말이다. 부쟁이는 취나물의 지방어인 '부지깽이나물'에서 비롯된 것으로 알려져 있다. 잎은 쑥을, 꽃은 부쟁이를 닮았다는 의미다. 이름은 이렇게 단순하게 정리되지만 이들의 식물학적 족보는 그리 간단하지 않다. 국화과의 여러해살이풀에서 쑥부쟁이라는 꼬리표를 단 식물은 2018년 기준 '산림청 국가표준식물목록'에 등재된 것만 15종에 이르고 여기에 속하지 않는 것까지 포함하면 무려 20여 종에 달한다. 그중 가장 많은 개체 수를 자랑하는 것이 미국쑥부쟁이고, 제일 예쁘고 화려한 것은 청화쑥부쟁이다.

청화쑥부쟁이는 그 생김새가 깔끔하면서도 색감이 무척 화사하고 예쁜

쑥부쟁이(인천수목원, 2022.7.7.)

청화쑥부쟁이(성남시청공원, 2021.10.9.)
흰색과 보라색이 섞여 피지만 늦가을로 접어들면 흰색은 점차 줄고 보라색이 짙어진다.

꽃이다. 자동차로 말하자면 흰색과 보라색이 절묘하게 어우러진 '투톤 컬러'
다. 내 눈에는 벌개미취와 구절초를 아주 절묘하게 섞어놓은 듯한 모습으로
비친다. 찬바람이 불면 보라색이 더 짙어진다고 한다. 2021년 10월 성남시청
공원 꽃밭에서 이 녀석을 처음 본 순간 단번에 그 매력에 흠뻑 빠져버리고 말
았다. 목은 선생이 이 청화쑥부쟁이를 보았더라면 어떤 시구를 떠올렸을지 궁
금하다.

꿀풀과 조개나물

2020년 봄, 포은정몽주선생묘역에서 찍은 사진 하나를 블로그에 올려놓고 '꿀풀'이라 자신있게 제목을 달았다. 그랬더니 블로그 이웃 한 분이 '조개나물'로 정정해서 댓글을 달아주셨다. 완전 초보인 내 눈에는 이런 종류의 들꽃은 모두 꿀풀로 보였다. 하긴 꿀풀과 조개나물은 한 가족이다. 둘 다 쌍떡잎식물 꿀풀과의 여러해살이풀이다.

꿀풀 하면 어릴 적 시골에서 쪽쪽 빨아먹던 그 꿀풀이 떠오른다. 꿀풀과 속에 조개나물이 있다고는 하나 사실 얼핏 보면 둘을 구별하기가 쉽지 않다. 가장 큰 차이점은 꿀풀은 마치 솔방울처럼 생긴 하나의 뭉치에서 꽃이 무더기로 피는 데 비해 조개나물은 긴 줄기 기둥을 따라 잎겨드랑이에서 층층이 꽃이 핀다는 점이다. 처음 들꽃 여행을 시작하면서 아주 헷갈렸던 들꽃 중 하나가 바로 이 꿀풀과 조개나물이었다.

조개나물 '블로그 사건' 이후 내 눈으로 직접 꿀풀을 보고 싶었다. 그런데 꼭 1년 뒤인 2021년 봄, 우연히 율동공원 외진 곳에서 꿀풀을 만났다. 그것도 흰꿀풀과 함께. 꿀풀은 5~7월에 자주색 꽃이 피는데 흰색 꽃이 피는 것은 흰꿀풀이라고 해서 따로 구분한다. 흰꿀풀의 종명 불가리스(*vulgaris*)는 '흔해빠진'이란 의미의 라틴어다. 그만큼 주변에서 쉽게 볼 수 있다는 의미다. 그런데 그렇게 흔하면서도 그 쓰임새는 아주 특별하다.

　　서양에서는 꿀풀류를 셀프힐(self-heal)이라 하고 영어명도 아시안셀프힐 (Asian self-heal)이다. 전통적으로 '자가 치료제'로 쓰였다는 뜻이다. 실제로 서양에서는 에이즈 치료제로 사용되었고 우리나라에서는 5대 항암 약초 중 하나로 여겨왔다. 하긴 꽃들이 가득 담고 있는 꿀 자체가 약 중의 약이다. 민간요법에서 꿀만큼 다양하게 활용되는 것도 없을 것이다. 그 꿀을 제 이름으로 불리는 것이 바로 꿀풀이다. 약뿐인가? 우리에게 친숙한 요리용 허브 종류는 모두 꿀풀류이다. 흔하다고 해서 귀하지 않은 것이 아니라는 말이 실감 나는 꿀풀이다.

꿀풀(율동공원, 2021.5.26.)
솔방울처럼 생긴 하나의 뭉치에서 꽃이 무더기로 핀다.

흰꿀풀(율동공원, 2021.5.26.)

조개나물(포은정몽주선생묘역, 2020.5.14.)
긴 줄기 기둥을 따라 잎겨드랑이에서 층층이 꽃이 핀다.

조개나물(율동공원, 2021.11.5.)
줄기, 잎, 꽃 등에 긴 솜털이 잔뜩 돋아 있다.

꿀풀은 양지바르고 수분이 잘 유지되면서 배수가 잘되는 무덤 언저리에서 잘 자란다. 시골에서 어린 시절을 보낸 사람치고 무덤가를 지나면서 손에 잡히는 대로 꿀풀 몇 포기를 뽑아 쪽쪽 빨아먹던 추억 하나쯤 가지고 있지 않은 이는 없을 것이다. 꿀풀의 꽃말이 달리 '추억'이겠는가? 율동공원에서 꿀풀이 자라는 곳도 바로 독립운동가 한순회 선생 묘소 근처다. 옆에는 한백봉 선생의 집터도 있다. 이 두 분은 일제 강점기 시절 3·1운동에 이어 전국적으로 일어난 만세운동을 이곳 율동(당시 광주군 돌마면 율리)에서 마을 주민을 중심으로 이끌었다.

꿀풀을 한방에서는 하고초(夏枯草)라고 한다. 여름이 되면 뿌리를 제외하고 다 말라버리기 때문이다. 경남 함양에 꿀풀을 한약재로 대량 재배하는 하고초마을이 있다고 한다. 매년 7월이 되면 하고초 축제를 열었는데 지금은 예전 같지 않은 모양이다.

조개나물이라는 이름은 마주나기를

하는 잎 사이에서 피어나는 꽃 모양이 조개를 닮았다고 해서 붙인 것이다. 그러나 조개 형상을 조개나물의 어린 새싹에서 찾기도 한다. 새싹이 뾰족이 올라오는 모습이 고둥이나 소라를 닮았다는 것이다.

조개나물의 가장 두드러진 특징은 털이 많다는 것이다. 줄기, 잎, 꽃 할 것 없이 온통 긴 솜털투성이다. 이런 면에서는 '긴솜털꽃'이 더 어울릴지도 모르겠다. 조개나물 꽃잎은 윗입술과 아랫입술로 나누어지는 양순형이다. 이는 꿀풀과의 특징이기도 하다. 윗입술은 2갈래, 아랫입술은 3갈래로 다시 갈라지는데 아랫입술이 훨씬 넓적하다. 그러고 보니 아랫입술 모양이 조개를 닮은 것 같기도 하다.

산딸나무와 서양산딸나무

산딸나무와 서양산딸나무는 층층나무과 층층나무속의 갈잎큰키나무다. 이름도 비슷하고 또 공통된 특징도 있기는 하지만 사실 다른 점이 더 많다. 서양산딸나무는 미국산딸나무, 꽃산딸나무로도 불린다. 산딸나무는 이름 그대로 산딸기를 닮은 나무라는 뜻이다. 산딸나무 꽃은 5~7월쯤에 20~30송이의 작은 꽃이 하나의 구슬처럼 모여 핀다. 이른바 두상꽃차례라 불리는 꽃송이다. 연한 녹색을 띠는 이 꽃송이는 4장의 큼지막한 총포(總苞)조각으로 둘러싸여 있는데 흔히 우리는 이 총포를 산딸나무의 꽃잎으로 오해하곤 한다. 곤충을 불러모으기 위해 가짜꽃을 만들어 놓은 산딸나무의 교묘한 전략에 우리가 속아 넘어가고 있는 것이다.

산딸나무의 총포조각은 꽃이 피기 전에는 연한 녹색을 띠면서 꽃송이를 감싸듯 안쪽으로 살짝 오므라져 있지만 두상꽃차례에서 꽃들이 하나둘씩 피어나기 시작하면 옆으로 활짝 젖혀지면서 색깔도 흰색으로 변한다. '보호'에서 '유혹'으로 총포의 역할이 바뀌는 것이다. 지극히 주도면밀한 산딸나무의 생존전략이다. 구슬 모양의 꽃 뭉치는 가을이 되면 긴 자루 끝에서 마치 딸기처럼

1 산딸나무(밤골계곡, 2021.5.11.)
수십 송이의 작은 꽃들이 하나의 구슬처럼 모여 핀다.

2 산딸나무 꽃(맹산환경생태학습원, 2021.5.23.)
커다란 총포조각이 마치 꽃잎처럼 보인다.

3 산딸나무 열매(탄천, 2021.8.21.)
가을이 되면 도깨비방망이처럼 생긴 열매들이 붉은색
으로 익기 시작한다.

4 산딸나무 수피(율동공원, 2021.12.14.)
뱀 허물이 벗겨지는 듯한 모습이다.

익는다. 이를 두고 '도깨비방망이' 같다고 하는 사람들이 꽤 있다. 내가 보기에도 그렇다.

　서양산딸나무는 산딸나무보다 훨씬 큰 흰색 꽃이 피는데 역시 4장의 총포조각이 있고 그 안에 진짜꽃이 자리하고 있다. 사실 서양산딸나무의 열매는 산딸나무처럼 '딸기' 모양의 열매는 열리지 않는다. 그럼에도 '~산딸나무'라고 부르는 것은 바로 4장의 총포조각 형상이 비슷하기 때문이다.

　서양산딸나무는 총포 안쪽에 꽃들이 모여 있기는 하지만 하나의 뭉치는

서양산딸나무 꽃봉오리(율동공원, 2021.4.27.)
가짜꽃인 총포조각이 진짜꽃을 살짝 감싸고 있다.

1	
2	3

1 서양산딸나무 꽃(율동공원, 2021.4.27.)
2 서양산딸나무 열매(율동공원, 2021.9.23.)
3 서양산딸나무 수피(율동공원, 2021.12.14.)
거북등처럼 잘게 갈라진다.

아니고 하나씩 낱개로 분리되어 있다. 그리고 흰색 총포조각 끝이 하트 모양처럼 오목하게 들어가 있는 것도 특이하다. 그래서 처음 이 꽃을 보면 마치 꽃잎 끝이 살짝 상한 듯, 아니면 말라버린 듯한 느낌이 든다. 꽃으로서는 일종의 핸디캡이 될 수도 있다.

이러한 핸디캡을 보상이라도 하듯 이 나무에는 또 다른 매력이 숨어 있다. 꽃봉오리를 막 펼치려고 꼼지락거릴 때의 모습이다. 만개한 상태보다 꽃봉오리 시절이 더 아름다운 꽃은 세상에 한둘이 아니다. 그러나 서양산딸나무의 꽃봉오리는 그중에서도 특별하다. 가짜꽃의 '열린 창 효과' 때문이다. 이 꽃나무를 감상할 때 결코 놓쳐서는 안 되는 장면이다.

미꾸리낚시와 나도미꾸리

　　요리조리 잘 빠져나가는 것을 우리는 흔히 '미꾸라지 같다'고 한다. 어릴 적 시골 도랑에서 물고기를 잡을 때 붕어나 송사리와는 달리 좀처럼 손에 쥐어지지 않는 녀석이 미꾸라지였다. 미꾸라지를 쉽게 잡는 방법이 있기는 있었다. 미꾸리낚시를 이용하는 거다. 미꾸리낚시는 줄기나 잎에 갈고리 모양의 잔가시가 많은 식물이다. 그 줄기를 둘둘 말아 손에 감으면 미끌미끌한 미꾸리를 쉽게 잡을 수 있는 풀이라는 뜻이다. 그 이름의 기원지는 일본이다. 단, 일본에서는 그 대상이 뱀장어였고 우리나라에서는 미꾸리로 바뀌었다.

　　그런데 궁금하다. 왜 하필이면 미꾸라지낚시가 아니고 미꾸리낚시일까. 우리에게는 미꾸리보다 미꾸라지가 훨씬 익숙한데도 말이다. 일반인은 이 둘을 구별하지 않고 쓰는 경향이 있지만 사실 이 둘은 생물학적으로 종이 전혀 다르다. 그러나 그 종까지 헤아려 이름을 지었을 것 같지는 않다.

　　미꾸리와 미꾸라지는 잉어목 기름종개과의 민물고기이다. 몸통이 약간 둥근 것을 미꾸리, 세로로 납작한 것을 미꾸라지로 보면 대충 맞는다. 그래서 별명도 각각 둥글이와 납작이다. 흔히 미꾸리를 토종, 미꾸라지를 외래종으로 알고 있는데 이는 사실과 다르다. 다만 미꾸라지보다 생태적으로 더 강한 미꾸리가 야생 상태에서 더 많이 잡히기는 한다. 그러면 우리의 전통 보양식인 추어탕에 들어가는 것은 미꾸리일까 아니면 미꾸라지일까. 한마디로 말하면 자연산을 썼던 전통 추어탕은 주로 미꾸리, 양식이 일반화된 지금은 대부분 미꾸라지를 사용한다. 미꾸라지는 미꾸리에 비해 더 빨리 자라기 때문에 양식에 유리하다. 양식용 치어는 거의 중국산이니 상대적으로 자연산 미꾸리를 토종이라고 생각하는 것도 무리는 아니다. 미꾸리낚시는 자연산 미꾸리로 추어탕을 끓여 먹었던 시절에 지은 이름이다.

사실 미꾸리낚시의 갈고리 가시는 우리에게 미꾸리를 잡으라고 생긴 것은 아니다. 그 용도는 따로 있다. 줄기가 가늘어 똑바로 서지 못하는 미꾸리낚시는 이 갈고리 모양의 잔가시 줄기를 이용해 다른 물체에 기대어 그 세력을 넓혀간다. 가시가 일종의 덩굴손 역할을 하는 셈이다. 미꾸리낚시의 속셈은 다른 데 있었던 것이다.

7~10월에 머리모양꽃차례에서 작은 꽃들이 모여 핀다. 어떤 이는 이를 별사탕 모양이라 했는데 딱 맞는 표현이다. 꽃봉오리는 연한 분홍색을 띠지만 꽃봉오리가 벌어지면 흰색이 되어 전체적으로는 분홍색과 흰색이 섞여 있는 듯한 느낌이다. 미꾸리낚시 잎은 흔히 버들잎 또는 화살촉에 비유된다. 미꾸리낚시의 종소명 사기타타(*sagittata*)는 '화살잎 모양'을 뜻하는 라틴어다. 중국의 한자어 전협료(箭叶蓼)도 역시 화살촉 모양이라는 의미다. 미꾸리낚시의 이름이 비록 그 줄기의 특성에서 비롯되긴 했지만 사람 눈에 비치는 들꽃으로서의 정체성은 줄기보다는 잎에 있다.

미꾸리낚시를 닮은 들풀이 또 하나 있는데 바로 나도미꾸리다. 나도미꾸

1 미꾸리낚시(밤골계곡, 2020.9.22.)

2 미꾸리낚시 꽃(밤골계곡, 2020.9.10.)
   잎이 버들잎 모양으로 밋밋하다.

3 미꾸리낚시 줄기(밤골계곡, 2020.9.22.)
   갈고리 모양의 잔가시가 많이 돋아 있다.

나도미꾸리 꽃(밤골계곡, 2020.9.8.)

나도미꾸리 잎(밤골계곡, 2020.9.9.)
잎이 뾰족한 화살촉 같다.

리낚시라고도 한다. 미꾸리낚시와 나도미꾸리의 공통점은 '화살촉 모양'의 갈
고리 가시가 있다는 점이다. 그런데 같은 화살촉이라도 둘을 놓고 비교해보면
서로 차이가 꽤 뚜렷하다. 미꾸리낚시 잎이 버들잎 모양의 밋밋한 화살촉이라
면, 나도미꾸리는 소머리 형상의 뾰족한 화살촉이다. 이런 면에서 보면 나도미
꾸리는 사실 고마리 잎을 닮았다.

　　미꾸리낚시에는 잎자루가 없지만 나도미꾸리는 잎자루가 뚜렷한 것도 대
비된다. 일본에서는 나도미꾸리를 한자로 차수초(叉手草)라 쓴다. 이는 나도미
꾸리 잎 모양이 '오른손 위에 왼손을 포갠' 것과 같다고 해서 붙인 이름이다.
이 '차수'는 상대방을 존중한다는 뜻의 불교 용어다. 화살촉, 소머리, 버들잎
등과는 구별되는 나름 아주 흥미로운 발상의 언어다.

까마중과 도깨비가지

　　까마중은 가지과의 한해살이풀이다. 가지과답게 열매 없이 잎과 꽃만 보면 가지를 쏙 빼닮았다. 가마중이라고도 한다. 까마중이라는 이름은 광택이 없는 검은색 열매가 중의 머리를 닮았다고 해서 붙였다. 종소명도 같은 의미의 니그룸(nigrum)이다. 까마중과 비슷한 식물로는 열매에서 광택이 나는 미국까마중, 열매가 노란색인 노랑까마중, 날카로운 가시가 돋은 도깨비가지 등이 있다.

　　까마중은 7월 전후로 마디 사이에서 자란 꽃대 끝에 별 모양의 흰색 꽃이 핀다. 꽃부리가 뒤쪽으로 젖혀지는 특성 때문에 그러잖아도 돌출된 샛노란 꽃술이 더욱 도드라져 보인다. 꽃술은 1개의 암술과 5개의 수술로 되어 있다. 10월쯤 되면 동글동글한 검은색 열매가 열린다. 잘 익은 열매는 물기도 많고 단맛이 나기 때문에 어린 시절 심심풀이 간식으로 즐겨 따먹기도 했다. 그러나 독성이 있어 많이 먹지는 못했고 식용보다는 대부분 한약재로 이용했다. 약재로서의 까마중 열매와 뿌리는 용규(龍葵)라는 이름으로 부른다. 어린순은 데쳐 나물로 이용하기도 했다.

까마중 꽃(밤골계곡, 2020.9.28.)
꽃부리가 뒤쪽으로 완전히 젖혀지는 특성이 있다.

까마중 열매(탄천, 2020.11.23.)

마땅한 장난감이 없던 시절, 아이들 눈에 이 까맣고 동글동글한 열매는 훌륭한 노리갯감이었다. 충북 진천에서 전해오는 까마중놀이가 좋은 예다. 밀짚 또는 보릿짚으로 대롱을 만들어 그 위에 까마중 열매를 올려놓고 입으로 불어 빙글빙글 돌리며 노는 것이다. 까마중놀이는 짚 대롱과 까마중 열매만 있으면 남녀노소 가리지 않고 어디서든 즐길 수 있는 놀이였다.

잘 여문 짚의 마디 부분을 잘라내면 훌륭한 천연 대롱이 만들어지는데 그 위쪽 부분을 약 2센티미터 길이로 쪼개어 젖히면 바람개비 모양이 된다. 그 위에 까마중 열매를 올려놓고 입으로 불면 그 힘으로 열매가 대롱에서 살짝 솟아오르며 빙글빙글 돌아간다. 까마중놀이에서 가장 중요한 것은 부는 힘을 적절히 조절하는 것이다. 너무 약하면 뜨지 않고 너무 세면 대롱에서 떨어지기 때문이다. 지역에 따라서는 까마중 열매 대신에 앵두를 사용해 앵두불기를 즐겼다. 지금도 전통민속놀이 복원 차원에서 즐기는 이들이 꽤 있다.

까마중과 아주 비슷한 들꽃이 도깨비가지다. 도깨비가지는 처음 딱 보면 가지? 까마중? 하며 고개를 갸웃거리게 된다. 실제로 같은 가지과인 이들은 잎이나 꽃 모양이 많이 비슷하다. 도깨비가지가 까마중이나 가지와 구별되는 특성은 '가시'다. 이름 앞에 도깨비가 붙은 것도 '도깨비바늘'처럼 줄기와 가지에 거친 가시와 털들이 다닥다닥 붙어 있기 때문이다. '도깨비가시'라고 해도 될 듯하다. 도깨비가지보다 덩치가 큰 왕도깨비가지도 있다.

2021년 8월 10일 내 블로그에 올린 '도깨비가지'에 댓글이 하나 달렸다.

"안녕하세요! 저는 고등학교 학생입니다. 이 식물에 대한 항균성 실험 및 항산화 실험을 진행하려고 하는데요. 사진을 찍으신 정확한 위치를 알 수 있을까요?? 대략 어느 구의 어느 도로변에 있다 정도만이라도 부탁드립니다. 구체적으로 알려주시면 더 감사할 것 같습니다. 귀찮으시더라도 부탁드리겠습니다. 감사합니다!^^"

반가운 마음에 지도상에서 다시 위치를 확인하고 바로 답글을 달았다.

"네, 성남시 분당구 야탑동 야탑천 산책로 주변입니다. 야탑천에 있는 다리로 보면 야탑6교와 야탑10교 사이입니다. 야탑천에는 북쪽 산책로와 남쪽 산책로가 있는데 북쪽 산책로 쪽 아파트 단지 놀이터 울타리로 기억하고 있습니다. 산책로 옆에 나무의자 2개가 놓여 있더군요. 도움이 될지 모르겠네요."

도깨비가지는 북아메리카에서 들어온 귀화식물이다. 뿌리줄기를 뻗으면서 빠르게 세력을 확장하고 장소도 가리지 않아 생태교란종 취급을 받고 있

도깨비가지 꽃(야탑천, 2021.6.27.)

도깨비가지 가시(야탑천, 2021.6.27.)
줄기와 가지에 거친 가시와 털들이 다닥다닥 붙어 있다.

다. 그래서인지 학교 수업 시간에도 꽤 비중 있게 이 도깨비가지를 다루는 것 같다. 다음날 학생에게서 고맙다는 답글이 달렸다. 블로그는 이제 또 다른 형태의 편리한 소통 수단이 된 듯하다.

앵도나무와 산옥매

　어릴 적 시골 초가집 뒷마당에 장독대 옆으로 꽤 나이를 먹은 앵도나무 몇 그루가 풍성하게 자라고 있었다. 봄이 되면 줄기마다 앵두꽃이 다닥다닥 탐스럽게 피었고 초여름이면 그 어느 과일나무보다 가장 먼저 빨간 앵두가 또 주렁주렁 열렸다. 앵두꽃도 예쁘지만 새빨간 앵두는 손을 대기가 아까울 정도로 그 자체가 매혹적이다. 앵두는 앵도나무의 열매다. 앵도나무라는 이름이 좀 낯설다. 우리 어릴 적에는 보통 앵두나무라 불렀지만 식물학자들은 앵도나무를 표준어로 삼는다. 이 나무의 기원이 앵도(櫻桃)이기 때문이다. 그런데 앵도나무의 꽃은 앵도꽃이 아니라 앵두꽃이라 하고 그 열매도 앵두로 불리고 있으니 좀 복잡하다.

　앵도나무는 키가 크지 않고 작은 가지들이 땅속에서 계속 나오는 습성이 있다. 아무리 자라봤자 그 키는 시골집 울타리를 크게 넘지 않는다. 눈으로 보고 감상하기 그만이다. 오래전부터 우리 조상들이 앵도나무를 관상용으로 심고 즐긴 이유다. 시골집 울타리 안쪽으로 대개 이런 앵도나무 한두 그루씩 있었다.

앵도나무(맹산환경생태학습원, 2021.3.30.)
작은 가지들이 땅속에서 계속 나오지만 키는 크지 않다.

앵도나무(맹산환경생태학습원, 2021.3.30.)

앵도나무 열매(인천수목원, 2023.6.4.)

어린 시절 나의 '여자친구' 이름은 순이였다. 둘도 없는 소꿉친구였다. 초등학교 교과서에도 나왔던 바로 그 순이다. 그 당시에는 정말 순이라는 이름이 흔했다. 순이는 우리 뒷집에 살았는데 우리 집에 놀러오면 우리는 언제나 뒷마당 장독대 옆 앵도나무 밑에서 소꿉놀이에 빠지곤 했다. 우리는 수시로 손가락을 걸고 '결혼'을 약속했고 틈만 나면 양쪽 엄마에게 '보증'을 받아두었다. 순이 엄마와 우리 엄마는 앞뒷집 친구였기 때문에 우리는 더 가까이 지냈다.

그런데 우리의 달콤한 '앵도나무 사랑'은 그리 오래가지 못했다. 유치원에 들어갈 무렵 순이네가 다른 곳으로 이사를 가고 만 것이다. 생이별, 당시 어린 나이에도 우리는 꽤 허전하고 섭섭해했다. 더 이상 소꿉놀이를 하지 못하는 게 무엇보다 큰 아쉬움이었다. 그러나 그것도 잠시, 새로운 유치원 친구를 사귀면서 앵도나무 순이는 점점 잊

했고 이 세상에는 소꿉놀이보다 더 재미있는 일들이 훨씬 많다는 것도 깨닫게 되었다. 그리고 60여 년이 훌쩍 지났다. 한데 사람 마음에는 참 묘한 구석이 있다. 까마득하니 오래전 일이지만 지금도 앵도나무 앞에 서면 내 마음은 한달음에 시골집 뒷마당으로 달려간다. 새빨갛게 여물어 가는 앵두와 소꿉친구 순이 얼굴이 오버랩되면서 말이다.

앵도나무와 늘 혼동되는 것이 이름도 낯선 산옥매, 풀또기, 이스라지 등이다. 이 중에서 산옥매가 특히 그렇다. 산옥매는 장미과의 낙엽활엽관목이다. 산둥반도 이남의 중국이 원산이며 주로 관상용으로 심는다. 관목이지만 키는 앵도나무보다 작고 잔가지들이 땅속에서 뻗어 나온다. 가지에 다닥다닥

산옥매(성남시청공원, 2021.4.4.)
연분홍색 꽃이 가지에 다닥다닥 붙어 핀다.

붙어 있는 꽃대는 짧고 꽃술은 길다. 꽃잎은 홑잎이고 꽃색은 연분홍색을 띤다. 꽃보다 더 확실히 구별되는 것은 잎과 열매다. 잎은 가늘고 길며, 털이 없는 열매는 끝에 뾰족한 암술대 모양이 그대로 남아 있는 것이 특징이다.

이렇게 '구별 기준'이 많다는 이야기는 결국 다른 녀석들과 비슷한 점이 너무 많다는 뜻이다. 그러니 우리 같은 보통 사람들은 '감성적'으로 판별할 수밖에 없다. 작은 덤불 가지에 분홍색 홑꽃이 다닥다닥 붙어 있고 산야가 아닌 공원이나 정원에서 주로 볼 수 있으나 결코 흔하지 않으면 산옥매일 확률이 매우 높다. 중국에서 들어온 지 꽤 오래된 식물이라는데 보기 어렵다는 건 얼핏 이해되지 않는다.

풀또기는 장미과 벚나무속의 꽃나무다. 봄철 잎이 나기 전에 분홍색 겹꽃이 핀다. 꽃만 놓고 보면 복사꽃, 산옥매 등과 비슷하다. 복사꽃과는 달리 잎끝이 세 갈래로 갈라지고, 홑꽃인 산옥매와는 달리 풀또기는 겹꽃으로 피

풀또기(인천수목원, 2022.4.12.)

이스라지(인천수목원, 2023.4.7.)
이스라지는 '산앵도나무'라는 뜻의 '묏이스랏'에서 비롯된 이름이다. 북한에서는 지금도 산앵두나무라 부른다.

는 것이 특징이다.

　풀또기라는 이름은 함경도 지방의 방언에서 비롯된 순우리말이라고 하는데 그 구체적인 뜻에 대해서는 알려진 것이 없다. 함경도 무산 지방에서는 자생 풀또기가 관찰되지만 남쪽 지방의 풀또기는 대개 조경용으로 기르는 것으로 알려졌다.

황매화와 죽단화

황매화와 죽단화, 이름만 들어서는 이 두 식물의 연결고리를 떠올리기가 쉽지 않다. 그러나 죽단화를 슬쩍 겹황매화로 바꿔놓으면 문제는 달라진다. 황매화는 장미과 황매화속의 낙엽관목이다. 주로 정원이나 공원에 관상수로 심지만 드물게 자연에서도 발견된다. '매화를 닮은 노란꽃'이라는 의미로 붙인 이름이다. 주로 습기가 많고 양지바른 곳을 좋아한다.

황매화와는 달리 꽃잎이 여러 장인 것을 겹황매화 또는 죽단화라고 해서 따로 구분한다. 죽단화는 황매화의 변종이다. 자료에 따라서는 죽도화로도 표기되어 있다. 황매화는 가을에 까만 열매가 열리지만 죽단화는 열매가 달리지 않는다. 그러니 죽단화는 일종의 가짜꽃인 셈이다. 황매화와 죽단화의 관계는 그래서 산수국과 수국의 관계와 비슷하다. 흥미로운 점은 일반인에게는 겹황매화보다 죽단화가 더 잘 통한다는 것이다. 꽃이 화려해서 황매화보다는 죽단화를 더 많이 심고 사랑받고 있는 것 같다. 그런데 왜 군이 겹황매화라는 명쾌한 이름을 제쳐두고 그 근원도 불분명한 죽단화라 해서 헷갈리게 하는지 모르겠다. 지금이라도 개명을 해보는 것은 어떨지. 죽단화의 어원에 대해서는 확

황매화(맹산자연생태숲, 2021.4.11.)

실히 밝혀지지 않았지만, 비슷한 이름의 죽도화에 대해서는 《조선식물향명집》
에 녹색의 가는 줄기를 대나무(죽竹)에, 꽃 모양을 복사나무(도桃)에 빗댄 전남
지방의 방언이라 기록되어 있다.

　　황매화든 겹황매화든 이름에 매화가 들어 있지만, 사실 우리가 알고 있
는 그 매화와는 전혀 상관이 없다. 자연 속에서 노란색 꽃만큼 녹색 잎과 잘
조화되는 것도 없을 듯싶다. 이런 면에서 보면 황매화는 꽃과 잎이 가장 잘 어
울리는 꽃나무 중 하나다. 매화꽃은 홀로 피어 있을 때 더 빛나지만 황매화는
짙푸른 녹색 잎과 함께 있어야 더 돋보인다. 황매화와 비슷한 나무가 또 하나
있다. 황매 또는 황매목이라고도 하는데 이는 우리가 잘 알고 있는 생강나무

죽단화(중앙공원, 2021.4.12.)
꽃잎이 여러 겹으로 되어 있다.

의 또 다른 이름이다. 그리고 보니 황매화에 굳이 '화'를 붙여 놓은 건 생강나무와 확실히 구별하기 위함인 듯하다.

2021년 4월 어느 날, 맹산자연생태숲 산책로 주변 숲속에서 노란색 꽃이 흐드러지게 피어 있는 황매화 한 그루를 발견했다. 딱 한 그루다. 정원이나 공원 화단에서는 쉽게 볼 수 있지만 야생의 것은 거의 찾아보기 힘든데 말이다. 황매화는 주로 중국 이남이나 일본에 분포하는 것으로 한반도에서는 자생하지 않는 것으로 알려져 있다. 내가 본 황매화는 정원에 심어져 있던 녀석이 어찌어찌하다 울타리를 넘어가 '자생'에 성공한 녀석인 듯하다.

화살나무와 붉나무

　　화살나무에 날개는 있지만 화살이 있는 것은 아니다. 그 날개가 화살처럼 보일 뿐이다. 줄기를 따라 돋아 있는 물결치는 듯한 모양의 코르크질 날개다. 조금 더 자세히 들여다보면 날개가 달린 줄기 가운데로 녹색 줄이 길게 있는데 그 색깔이 아주 오묘하다. 화살나무의 또 다른 이름은 참빗나무다. 코르크질의 날개가 머리를 빗을 때 썼던 참빗처럼 생겼다는 의미다. 내 생각에는 날개 자체로만 보면 화살보다는 참빗에 더 가까워 보인다. 화살나무와 비슷하면서도 코르크질 날개가 없는 것은 회잎나무라고 해서 구분한다. 그런데 이 코르크질 날개는 5년 정도 지나 나무줄기가 굵어지면 자연스럽게 없어지기 때문에 회잎나무와 구별이 쉽지 않다. 그래서 이 두 나무를 한 품종으로 취급하기도 한다.

　　화살나무의 숨은 매력 중 하나는 가을 단풍이다. 2021년 10월에 찾은 성남시청공원 화살나무는 온통 나무 전체가 붉게 물들어 있었다. 이게 그 화살나무였나? 하는 생각이 들 정도다. 하긴 화살나무의 별칭이 그래서 '불타는 관목(burning bush)'이다. 여름에서 가을로 이어지는 동안 지켜보니 화살나무 단풍이 그 어느 단풍보다 먼저 들고 또 오래가는 것 같다.

11월 초 다시 찾은 성남시청공원의 화살나무는 어느새 그 붉디붉은 단풍 잎들을 모두 떨구고 앙상한 화살 가지만 휑하니 남아 있다. 물론 한두 장의 단 풍이 여전히 붙어 있어 아주 섭섭하지는 않았다. 그때 뜻하지 않은 보석을 만 났다. 쌀알만 한 크기의 붉디붉은 열매다. 그런데 그 큰 나무에 아무리 눈을 씻고 봐도 열매는 두세 개뿐이다. 웬 열매 맺기가 그렇게 박한지 모르겠다. 공 원 곳곳의 화살나무를 다 뒤져봐도 역시 마찬가지다.

붉나무는 옻나무과의 낙엽관목이다. 이름부터가 범상치 않다. 가을이면 잎이 붉게 물든다고 해서 붉나무다. 이름만 놓고 보면 '단풍나무' 못지않다. 붉 나무의 가장 큰 특징은 잎줄기 양쪽에 길쭉한 날개를 달고 있다는 점이다. 그 모양이 화살나무의 날개를 쏙 빼닮았다.

붉나무는 여름에 황백색 꽃이 피고 가을에 황적색의 동글납작한 열매가 달린다. 꽃이나 열매가 없을 때는 잎줄기의 날개로 붉나무를 판단하는 데 큰 도움이 된다. 붉나무의 특징 중 하나는 열매에서 짠맛과 신맛이 난다는 점이 다. 그래서 우리 선조들은 이를 '염부목(鹽膚木)'이라고 불렀고 소금이 귀하던 시절 소금 대용으로 사용하기도 했다. 지금도 소금 대신 붉나무 열매로 간수 를 만들어 아주 특별한 두부를 만들어 먹는 마니아도 있단다. 붉나무의 또 다 른 이름은 오배자나무다. 이는 잎자루에 진딧물이 기생해 만든 혹을 오배자 (五倍子)라고 하는 데서 비롯되었다. 오배자는 약용 및 염료로도 이용된다.

성남시청공원 음악분수 뒤쪽에 키도 적당하고 수형이 딱 균형 잡혀 잘생 긴 화살나무가 한 그루 있고, 중앙공원 초입 한구석에는 의젓한 붉나무 한 그 루가 꽤 건강하게 자란다. 두 공원을 갈 때마다 언제쯤 그 '붉은 단풍'을 보여

1 화살나무 날개(성남시청공원, 2021.7.18.)
줄기를 따라 단단한 코르크질의 날개가 달려 있다.

2 화살나무 열매(성남시청공원, 2021.11.6.)
열매도 단풍잎만큼이나 붉은색이 강렬하다.

3 화살나무 단풍(성남시청공원, 2021.10.23.)
가을이면 붉은색의 단풍이 곱게 물든다.

붉나무 잎날개(중앙공원, 2021.9.22.)
화살나무와는 달리 부드러운 잎날개가 달렸다.

붉나무 열매(중앙공원, 2021.9.22.)

줄지 궁금해하며 들여다보았다. 10월 어느 날 화살나무는 울긋불긋 단풍이 들었는데 붉나무는 11월이 다 되도록 소식이 없다. 12월 초에 다시 찾아갔을 때는 단풍은커녕 잎새 하나 남지 않고 다 떨어져 버린 뒤였다. 양지와 음지 차이일 수도 있겠다.

가막살나무, 덜꿩나무, 층층나무

가막살나무는 껍질이 검은색(가마, 가막)을 띠고 사립문(살)을 만드는 데 사용했다고 해서 붙인 이름이다. 키는 3미터 정도까지 자란다. 4~6월 가지 끝에 자잘한 흰색 꽃이 촘촘히 모여 피고 9~10월에 붉은색 열매가 열린다. 가막살나무의 빨간 열매들은 흰색 꽃만큼이나 화사하다.

그러나 열매가 달리기 전까지는 가막살나무는 얼핏 보면 덜꿩나무, 층층나무와 아주 비슷하다. 이들은 식물학적 족보는 분명히 다르지만, 봄철 거의 같은 시기에 덩어리 모양의 흰색 꽃이 피기에 멀리서 보면 쉽게 구별되지 않는다. 가장 확실한 방법은 가까이 다가가 나뭇잎을 좀 자세히 비교해보는 것이다. 가막살나무 잎은 둥글넓적하고 끝이 뾰족하며 가장자리에 치아 모양의 얇고 날카로운 톱니가 발달해 있다.

덜꿩나무는 가막살나무처럼 가장자리에 날카로운 톱니가 있지만 잎 모양이 가막살나무보다 길쭉하고 끝이 뾰족한 것으로 구별된다. 층층나무 잎은 가막살나무처럼 잎 모양이 둥글넓적하고 끝이 뾰족하지만 가장자리에 톱니가 없어 밋밋한 것이 특징이다.

↑ **가막살나무**(중앙공원, 2021.4.30.)
잎이 둥글넓적하고 끝이 뾰족하며 가장자리에 날카로운 톱니가 있다.

↑ **가막살나무 열매**(맹산환경생태학습원, 2021.10.23.)

↑ 덜꿩나무(맹산자연생태숲, 2021.4.25.)
잎이 길쭉하면서 뾰족하고 가장자리에 날카로운 톱니가 있다.

↑ 덜꿩나무 열매(율동공원, 2021.11.2.)

덜꿩나무는 인동과 가막살나무속의 낙엽활엽관목이다. 이름은 들꿩들이 좋아하는 열매라는 뜻의 들꿩나무에서 기인한 것으로 알려졌다. 꿩이라는 이름이 있는 식물은 많지만 나무로는 이 덜꿩나무가 유일한 것 같다.

층층나무는 이름 그대로 특이한 구조적 특징 때문에 멀리서도 한눈에 알아볼 수 있는 나무 중 하나다. 식물학자들은 층층나무를 '숲의 선구수종(先驅樹種)'이라 부른다. 어두운 숲속에 좁은 길을 내거나 나무가 베어져 나가면 한 줄기 빛이 숲속으로 스며드는데 이 기회를 놓치지 않고 제일 먼저 들어와 자라기 시작하는 것이 바로 이 층층나무이기 때문이다. 층층나무가 얼마나 빨리 자라는지 매년 한 층씩 높아진다고 한다. 이렇게 층층나무가 자라는 것은 숲

층층나무(분당천, 2021.4.30.)
잎이 둥글넓적하고 끝이 뾰족하지만 가장자리에는 톱니가 없이 밋밋하다.

생태계 전체로 보면 바람직하지 않다. 특정 식물이 숲을 지배한다는 것은 그 숲이 건강하지 않다는 뜻이기도 하다. 그래서 자연은 하나의 장치를 마련했다. 바로 황다리독나방이다.

황다리독나방은 층층나무를 기주식물로 살아간다. 층층나무를 먹이식물로 하는 황다리독나방은 1년에 한 차례 발생하는데 6월 초에 우화한 성충은 하나의 층층나무에 모여 집단으로 짝짓기를 한 후 알을 낳고 삶을 마감한다. 겨울을 난 알에서 이듬해 4월경 애벌레가 부화하여 5월 하순에 번데기를 거쳐 성충이 탄생한다.

짝짓기가 한창인 계절에 운이 좋으면 수백 마리의 하얀 나방이 너울너울 춤을 추는 장면을 볼 수 있다. 한두 마리도 아니고 수백 마리의 황다리독나방이 층층나무 잎을 갉아 먹는다면 이건 분명 층층나무에 '재해' 수준이고 우리 눈에도 이 나방은 박멸해야 할 해충으로 보인다. 그러나 다른 한편으로 생각하면 무서운 속도로 성장하고 숲을 지배하는 층층나무의 성장을 제어함으로써 숲을 건강하게 유지하는 자연 시스템이 작동하는 것으로도 볼 수 있다. 황다리독나방의 집단 출현은 층층나무의 기세를 일시적으로 약하게 하여 다른 나무들이 자랄 기회를 조금이나마 늘리는 역할을 한다. 중요한 것은 황다리독나방에 의해 층층나무가 결코 죽지 않는다는 점이다.

인간은 새로운 환경을 탐험하게 되면 뇌 신경전달물질이 분비되어 일시적인 흥분을 느끼게 된다. 틈만 나면 여행을 떠나려고 안달하는 것도 바로 이 때문이다. 이런 효과는 집 주변에서의 산책 중 새로운 식물을 발견했을 때도 똑같이 적용된다.

《야생의 위로(The Wild Remedy)》의 저자 에마 미첼(Emma Mitchell)은 이를 '채집 황홀'이라 했다. 이러한 현상은, 인간이 채집 수렵으로 살아가던 아득한 옛날의 긍정적 유전자 때문일 것으로 여겨진다. 더 기쁜 것은 같은 장소에서 같은 식물과 만나더라도 계절, 시간에 따라 그리고 자신의 정신적 상태에 따라 전혀 다른 채집 황홀을 경험한다는 것이다. 이는 단속적이기도 하고 연속적이기도 하다.

《식물의 정신세계(The secret life of plants)》의 공동 저자 피터 톰킨스(Peter Tompkins)와 크리스토퍼 버드(Christopher Bird)는, 인간은 식물과 함께 있을 때 가장 행복하고 편안한 기분을 느끼는데 이는 '영적인 충만감'에 젖어 있는 식물의 심미적 진동을 인간이 본능적으로 느끼기 때문이라고 한다. 그 '진동의 언어'를 우리가 의식하지 못할 뿐이라는 것이다.

그래서 백스터(Cleve Backster)는 인간이 지닌 다섯 가지 감각 능력은 어쩌면 모든 자연이 공통으로 갖고 있을, 좀 더 '근원적인 지각 능력'을 가로막는 장애 요소일지도 모른다고 생각했다. 그리고 이렇게 덧붙인다.

"식물들은 눈이 없어도 더 잘 볼 수 있을지도 모른다. 인간들이 눈으로 보는 것보다 더 잘 말이다."

자연으로서의 들꽃은 인간의 눈으로 그 깊은 세계를 다 헤아릴 수 없지만 우리가 그들 곁으로 한 발짝 다가서는 순간 이들은 과학이 되고 의사가 되고 문화가 된다.

◀ 만병통치약으로 통하는 익모초

며느리 수난사

들꽃 이름은 그 식물의 정체성을 드러내는 것이 대부분이지만 그 식물을 바라보는 사람의 심리적, 정서적 상황이 녹아 있는 경우도 적지 않다. 그 좋은 예 중 하나가 바로 '~며느리'류의 식물이다. 이들은 꽃며느리밥풀과 며느리배꼽 등을 비롯해 그 어느 것이든 온통 부정적 의미가 강하게 풍긴다.

꽃며느리밥풀은 며느리밥풀류 중에서 꽃이 가장 아름답다고 해서 붙인 이름이다. 꽃며느리밥풀은 열당과(列當科) 꽃며느리밥풀속의 반기생 한해살이풀이다. 열당과 식물은 대부분 다른 식물의 뿌리에 기생하는 것이 특징이지만, 일부는 반기생이거나 비기생인 경우도 있다. 조금 어려운 말인 열당은 초종용(草蓰蓉)의 한약재 명칭이지만 둘을 같은 의미로 쓰기도 한다. 초종용은 해변이나 강가 모래땅에서 잘 자라는 대표적 기생식물로 쑥더부살이라고도 한다.

꽃며느리밥풀은 햇볕이 잘 드는 숲이나 길가에서 볼 수 있는데 키는 50센티미터까지 자란다. 잎은 좁고 긴 타원형이며 7~8월에 가지 끝에서 이삭꽃차례(수상화서穗狀花序)로 붉은색 꽃이 핀다. 이 식물의 가장 큰 특징은 꽃잎 아랫입술 안쪽에 도드라져 보이는 두 개의 흰색 밥풀 모양의 무늬다. 꽃 이름에는 '밥을 훔쳐 먹었다는 누명을 쓰고 시어미의 구박을 받아 죽은 며느리가 밥알을 입에 물고 태어난 꽃'이라는 꽤나 슬픈 이야기가 담겨 있다.

꽃며느리밥풀속에는 9여 종의 식물이 포함되어 있는데 이 중 일반인에게 가장 많이 알려진 것은 6종 정도이다. 이들은 생태 특성상 크게 꽃며느리밥풀 계열(꽃며느리밥풀, 털며느리밥풀, 수염며느리밥풀, 알며느리밥풀)과 애기며느리밥풀 계열(애기며느리밥풀, 새며느리밥풀)로 구분한다. 꽃며느리밥

꽃며느리밥풀(밤골계곡, 2020.9.16.)
꽃잎 아랫입술 안쪽에 도드라져 보이는 두 개의 흰색 밥풀 무늬가 인상적이다.

풀 계열은 잎이 가늘고 긴 피침형이며 꽃을 받치고 있는 포(苞)가 녹색을 띠는 반면, 애기며느리밥풀 계열은 잎이 둥근 달걀형이고 포가 붉은색을 띠는 것이 특징이다. 2012년에 새로운 종인 긴꽃며느리밥풀이 발견되어 학계에 보고되기도 했다. 이는 위의 두 계열에 비해 화관이 상당히 긴 생태 특성으로 인해 독립된 제3의 계열로 구분하고 있으나 아직은 널리 알려지지는 않은 것 같다.

며느리배꼽은 마디풀과 여뀌속의 한해살이풀이다. 삼각 방패 모양의 잎에다 거친 가시로 무장한 줄기까지 며느리밑씻개와 닮은 구석이 정말 많다. 여기

에서 '~밑씻개'는 거친 잎과 가시를, '~배꼽'은 큰 턱잎의 독특한 모양을 강조해서 각각 붙인 이름이다.

　며느리배꼽의 열매 자체도 배꼽을 닮았다. 며느리배꼽의 배꼽은 속씨식물의 3요소인 잎몸, 잎자루, 턱잎의 관계에서 비롯된다. 잎몸은 잎의 본체이고 잎자루는 이 잎몸과 줄기를 연결하는 부분이다. 턱잎은 잎자루와 줄기가 만나는 부분에 있는 작은 잎사귀로 탁엽(托葉)이라고도 한다. 잎자루와 턱잎의 연결 부위의 특징은 식물에 따라 조금씩 다른데 며느리배꼽은 턱잎이 상당히 크고 잎자루가 턱잎의 중심에 있어 그 모양이 정말 배꼽처럼 보인다.

↑ **며느리배꼽**(포은정몽주선생묘역,
　2020.10.20.)

← **며느리배꼽**(포은정몽주선생묘역,
　2020.10.17.)
　턱잎이 매우 크고 잎자루가 턱잎의 가운데
　자리하고 있어 그 모양이 진짜 배꼽처럼
　보인다.

상대적으로 며느리밑씻개는 잎자루가 턱잎 아래쪽에 붙어 있다. 이 잎자루의 위치는 며느리배꼽과 며느리밑씻개를 구별하는 기준 중 하나다. 물론 꽃도 다르다. 며느리밑씻개의 꽃은 고마리나 미꾸리낚시에 가깝다. 지리 환경적으로 며느리밑씻개가 농촌형(자연 친화형)이라면 며느리배꼽은 도시형(인간 친화형)이라고 할 수 있다. 이는 며느리배꼽이 인구의 증가, 도시의 확장 속도에 맞추어 빠르게 세력을 확장한다는 의미이기도 하다. 며느리배꼽의 영어명인 'Mile-a-minute weed'는 '순식간에 1마일씩이나 퍼져가는 풀'이라는 뜻이다.

며느리배꼽은 어린잎을 씹으면 시큼한 맛이 꽤 괜찮아 어릴 적 입이 심심할 때면 가끔 따 먹었던 기억이 남아 있다. 7~9월에 연녹색 꽃이 피고 8~9월에 군청색 열매가 달린다. 억센 가시덩굴 속에서 아름다운 색으로 익어가는 열매는 며느리배꼽의 또 다른 모습이다. 며느리배꼽이라는 이름으로 불리기 이전인 1921년에는 사광이풀로 기록되어 있다. 사광이는 야생 고양이 살쾡이를 가리킨다. 며느리배꼽 잎의 새콤한 맛을 야생 고양이도 상당히 즐겼던 것 같다. 새콤한 잎을 '소화제' 삼아 뜯어 먹었을 가능성도 있다. 물론 신맛이 난다는 의미를 강조한 '새콤이'에서 사광이라는 말이 나왔을 것이라는 해석도 가능하다.

가을이 한창 깊어가고 아침저녁으로 기온이 뚝뚝 떨어질 즈음 며느리배꼽의 줄기와 잎은 다 말라서 새콤함을 맛보기는커녕 형체를 알아보기도 힘들다. 대신 군청색의 작은 구슬만이 간신히 자신이 며느리배꼽임을 알려준다. 열매만으로 식물 이름을 알아맞히는 것도 가을 산책이 주는 즐거움 중 하나다. 가끔 탄천 변에서 여전히 쌩쌩한 늦둥이 며느리배꼽을 만나기도 한다.

의 재발견

"무궁화꽃이 피었습니다."

어릴 적 숨바꼭질 놀이할 때 술래가 외던 '주문'이었다. 이 주문 놀이가 2021년 세계 드라마 시장을 온통 달궈놓은 〈오징어 게임〉에 등장하면서 가물가물하던 옛 추억을 생생히 되살려주었다. 아주 오래전 경찰 계급은 경위, 경감 대신 무궁화 하나, 무궁화 둘로 통했고 얼마 전까지 호텔의 품격도 무궁화꽃 개수로 등급이 매겨졌다. KTX의 등장으로 새마을호는 역사 속으로 사라졌지만 무궁화호 열차는 아직도 전국을 누빈다. 무궁화만큼 우리 생활 속에 깊숙이 자리 잡은 이미지가 또 있을까.

무궁화는 아욱과 무궁화속의 낙엽관목이다. 키는 4미터 정도까지 자란다. 특별히 춥고 건조한 기후가 아니라면 세계 어느 곳에서든 잘 자라는 식물군이다. 무궁화의 종소명 시리아쿠스(*syriacus*)는 중앙아시아의 시리아를 뜻한다. 원래 무궁화의 고향은 중국 남부라고 하는데 어쩌다 시리아까지 건너가 무궁화의 원조가 되었다.

'우리나라 꽃' 무궁화를 모르는 사람은 아마 없을 것이다. 그런데 이 나무가 아욱과에 속한다는 사실을 아는 이는 많지 않을 듯싶다. 아욱은 된장 넣고 구수하게 끓여 먹는 아욱국의 그 아욱이다. 식물학적으로는 접시꽃, 목화, 바오밥, 카카오 등이 모두 한 식구인데 도무지 정서적으로는 하나로 엮이지 않는다.

아욱과 식물은 암술과 수술이 함께 있는 양성화이고 꽃잎은 5장이다. 여러 개의 수술이 모여 하나의 단일 몸체를 이루는 것도 특징이다. 무궁화꽃의 이미지 중 하나가 꽃 한가운데 돌출된 이 수술 꽃대. 국회의원 배지는 꽃잎 5장이지만, 대통령 표장은 꽃 가운데에 이 수술대가 유독 두드러져 보인다.

초등학교 시절 학교 운동장을 따라 빙 둘러 가며 심어져 있던 꽃이 바로 무궁화였고 꽃색도 분홍 일색이었다. 지금은 학교 울타리를 훌쩍 벗어났고 꽃색도 훨씬 다양해졌다. 꽃피는 기간이 7~10월로 상당히 길다는 장점도 있어 지금은 정원이나 공원의 관상수로 널리 사랑을 받고 있다.

2020년 초 세계 인류를 공포에 휩싸이게 만든 코로나19, 이 세기적 사건이 가져온 긍정적 변화 중 하나는 내 가까이 있는 것들을 천천히 그리고 찬찬히 살펴볼 수 있는 여유를 갖게 해주었다는 것이다. 나태주 시인의 "자세히 보아야 예쁘다. 오래 보아야 사랑스럽다~"라는 시어의 의미를 새삼 새록새록 깨닫게 되는 시간이었다. 거기에 무궁화꽃도 들어간다.

무궁화는 한국인에게는 특별한 꽃이다. 대한민국 나라꽃이기 때문이다. 나라꽃 무궁화에 대해 이러쿵저러쿵 이야기가 많았다. 무궁화가 나라꽃으로 선정된 것은 1900년대 초다. 당시 정치적, 문화적 및 정서적 요인을 고려해서 무궁화가 나라꽃으로 지정되었다. 흰색 꽃이 피는 무궁화는 백의민족의 정서를 대변했고 100여 일간 꽃이 계속 피는 연속성은 우리 민족의 끈기를 상징했다. 그러나 우리는 무궁화를 그냥 상징적 존재로 여겼지, 꽃 자체를 그리 좋아

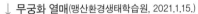
← **무궁화꽃**(맹산환경생태학습원, 2020.9.29.)

↓ **무궁화 열매**(맹산환경생태학습원, 2021.1.15.)

하지는 않았다.

결국 우리 토종 식물이 아닌 무궁화, 그것도 한국인이 그리 좋아하지 않는 꽃을 나라꽃으로 삼은 것은 문제가 있다는 이견이 계속 있어 왔고, 1980년대 전국적으로 자생하고 한국인이 가장 좋아하는 꽃 중 하나인 '진달래'를 나라꽃으로 삼자는 이야기가 구체적으로 제기되기도 했다. 물론 한 나라의 꽃을 바꾸기는 그리 쉽지 않으니 여전히 우리의 나라꽃은 무궁화다. 이왕 우리의 나라꽃으로 삼는다면 좀 더 다양한 품종을 개발하고 보급하는 데 많은 노력을 기울였으면 좋겠다.

싸리나무의 추억

　　싸리의 어원에 대해서는 명확히 알려지지 않지만 빗자루를 만들어 마당을 '쓸다'라는 뜻에서 비롯된 것으로 보는 견해가 현재로서는 가장 그럴듯하다. 싸리나무만큼 우리 생활 깊숙이 들어와 있는 나무도 없을 것 같다. 내가 어린 시절을 보낸 강원도에서는 유독 마을이나 재, 골짜기를 이르는 지명에 밤나무와 싸리나무가 들어간 곳이 꽤 많았다. 밤골, 밤재가 그렇고 싸릿말, 싸리재, 싸리골이 그랬다. 그만큼 생활 주변에 밤나무와 싸리나무가 흔했다는 이야기다.

　　화투 그림에도 싸리나무가 나오는데, 그것도 '4월 흑싸리'와 '7월 홍싸리' 두 번씩이다. 7월 홍싸리는 싸리 꽃 모양 그대로이고, 4월 흑싸리는 홍싸리가 말라 겨울을 넘긴 모습이다. 싸리 꽃에서는 아까시나무, 밤나무 다음으로 꿀을 많이 얻을 수 있다. 그래서 양봉업자들은 계절을 바꿔가면서 싸리꿀, 아까시꿀, 밤꿀을 연이어 생산해낸다.

　　가늘지만 질긴 성질의 싸리나무 가지는 여러 용도로 사용되었다. 마당비와 훈장의 회초리에서부터 초가집 울타리와 출입문도 모두 싸리나무로 만들었다. 굵은 싸리나무 줄기는 윷가락을 만드는 재료로 최고였다. 껍질 자체가 단단해 오래가고 색이 변하지 않아 '윷'과 '모'의 구별이 확실했기 때문이다.

어릴 적 소풍길에 젓가락이 없으면 싸리나무를 잘라 즉석에서 일회용 젓가락을 만들었다. 아주 가느다란 싸리 줄기로는 바구니나 소쿠리 같은 여러 생활용품을 만들었고 나무 땔감이 없으면 싸리나무를 베어다 볕에 잠깐 말려 썼다.

싸리나무는 대표적인 산림녹화 식물이기도 하다. 헐벗은 땅에 서둘러 뿌리를 내리고 자신의 존재를 유감없이 발휘한다. 실제로 2003년 태풍 매미와 2006년 태풍 에위니아가 휩쓸고 간 경북 영천 보현산과 강원 정선 오장폭포 일대를 복원하는 데 바로 이 싸리나무가 이용되었다. 싸리나무는 척박한 땅에서 거리낌 없이 자라는 식물이자 척박한 땅을 개간할 수 있는 능력까지 갖추었다. 콩과 식물의 특성인 뿌리혹박테리아가 있기 때문이다.

싸리 꽃(인천수목원, 2022.7.12.)

흔히 싸리나무로 불리는 종은 우리나라에서만 조록싸리, 잡싸리, 괭이싸리, 좀싸리 등 약 20여 종이나 된다. 싸리나무는 7월경 자주색 꽃이 핀다. 5월에 꽃이 피는 광대싸리나 땅비싸리는 이름은 비슷하지만 전혀 다른 종이다. 이 중 우리 동네 산책길에서 만나는 식물은 주로 조록싸리와 땅비싸리다. 조록싸리는 장미목 콩과 싸리속의 낙엽관목이다.

나무는 줄기의 특성에 따라 크게 한 줄기로 된 교목, 여러 줄기가 모여 있는 관목, 줄기가 덩굴인 덩굴나무 등으로 구분하는데, 싸리나무류는 이 중에서 관목에 해당된다. 키는 약 2미터까지 자라고 잔가지들이 끊임없이 뻗어 나

조록싸리(맹산환경생태학습원, 2021.6.2.)

땅비싸리(밤골계곡, 2021.6.8.)

온다. 그래서 싸리나무 생울타리를 한번 만들어 놓으면 크게 손보지 않아도
오랫동안 울타리 역할을 충실히 해냈다.

나물과 수염의 차이

꿀풀과의 들꽃 중에는 이름이 아주 독특한 식물이 있다. 그중 하나가 바로 '광대'라는 이름을 앞세운 광대나물과 광대수염이다. 광대나물은 해넘이한 해살이풀이다. 더 자세히 말하면 가을이나 겨울의 따뜻한 며칠 사이에 싹이 트고 겨울을 살짝 경험한 다음 이른 봄에 꽃을 피워내는 겨울형 한해살이다.

광대나물은 일단 이름이 독특해서 쉽게 기억된다. 광대라는 이름의 기원에 대해선 명확하게 알려져 있지 않다. 동·서양이 다르고 같은 동양권에서도 한국과 일본·중국이 다르다. 우리나라는 광대, 일본과 중국은 부처, 서양은 마녀와 관련지어 이름을 붙였다. 우리의 광대는 이 식물의 꽃이 화려한 옷을 입고 춤을 추는 광대와 같다고 해서 붙였을 가능성이 높다. 나물이라는 이름이 붙기는 했지만 실제로 식용보다는 약용으로 많이 쓰이는 것으로 알려져 있다.

중국에서는 보개초(寶蓋草), 일본에서는 호토케노자(佛座)라고 한다. 보개초는 꽃이 피는 모양이 불상이나 도사 등의 머리 위에 드리우는 비단으로 만든 큰 일산(日傘) 따위인 보개를 닮았다는 의미다. 호토케노자는 꽃을 받치고 있는 꽃싼잎의 형태가 부처가 앉아 있는 대좌와 비슷하다는 뜻을 담고 있다.

광대나물의 학명은 라미움 암플렉시카울레(*Lamium amplexicaule*)로, 속명 라미움은 꽃 모양을, 암플렉시카울레는 잎 모양을 빗대어 붙인 이름이다. 라미움은 꽃 모양이 그리스 신화에서 어린아이를 잡아먹는 요괴 라미아(Lamia)를 닮았다는 데에서 비롯되었다. 광대나물의 꽃을 들여다보면 피를 빨기 위해 입이 찢어져라 벌리는 요괴의 모습이 연상되기도 한다. 종소명 암플렉시카울레는 줄기를 감싸고 있는 꽃싼잎 형상을 뜻하는 라틴어다. 동양과 서양의 문화적 특징을 잘 아우른 대표적 식물이다.

광대나물과 비슷한 들꽃이 자주광대나물이다. 잎 모양은 많이 다르지만 꽃은 아주 비슷하다. 이 두 꽃을 구별하는 것은 아랫입술에 찍힌 꽃점이다. 자주광대나물은 선명하게 꽃점이 찍혀 있지만 광대나물은 없는 것이 대부분이다. 이 꽃점은 꿀벌을 유혹하는 일종의 허니 가이드다. 이렇게 중요한 꽃점이 없는 종이 많다는 이야기는 꿀벌의 꽃가루받이 활동이 없어도 씨앗을 퍼뜨릴 수 있는 시스템을 갖추는 쪽으로 진화가 진행되었다는 의미이기도 하다.

광대수염은 광대나물과는 달리 여러해살이풀이다. 꽃수염풀, 산광대라고도 한다. 광대수염이라는 이름은 꽃에 얼룩덜룩한 무늬가 있고 꽃받침조각(열편)이 길게 수염처럼 발달한 모습에서 붙인 것이다. 중국에서는 야지마(野芝馬 들참깨), 일본에서는 춤추는 여인이라는 뜻의 오도리코사와(踊子草용자초)라 한다. 키는 약 60센티미터까지 자라는데 줄기는 털이 나 있고 네모난 것이 특징이다. 5~6월에 연한 홍색이나 흰색 꽃이 핀다. 꽃은 윗부분의 잎겨드랑이에 여러 송이가 둥글게 뭉쳐서 핀다. 꽃은 마치 입을 아래위로 벌리고 있는 형상인데, 윗입술은 투구 모양이고 아랫입술은 수염처럼 갈라져 있다.

<table>
<tr><td>1</td><td>2</td></tr>
<tr><td></td><td>3</td></tr>
</table>

1 **광대나물**(인천수목원, 2022.3.8.)
입이 찢어져라 벌리는 요괴의 모습이
연상된다.

2 **자주광대나물**(탄천, 2021.4.17.)
아랫입술에 찍힌 꽃점은 꿀벌을 유
혹하는 일종의 허니 가이드다.

3 **광대수염**(밤골계곡, 2020.5.12.)
두 갈래로 갈라진 아랫입술에서 팔
자수염이 연상된다.

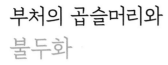

부처의 곱슬머리와
불두화

불두화는 꽃 모양이 부처 머리를 닮았다고 해서 붙인 이름이다. 꽃이 피는 시기도 부처 탄생일 전후로 만개한다. 불상에서 표현되는 부처의 모습은 '32상 80종호'라고 해서 그야말로 특성이 다양한데, 불상의 머리 모양은 기본적으로 '삭발'이면서 '곱슬'이다. 삭발 머리는 깨달음 이후 부처가 삭발한 것을 상징한다. 즉 깨달음의 의미다. 그런데 삭발 머리라면 여느 스님처럼 '민머리'여야 하는데 부처는 민머리가 아니다. 머리카락이 조금 자란 형태의 삭발이다. 그것도 직모가 아니라 '소라 모양(나발螺髮)'으로 불리는 곱슬머리다. 이에 대해선 불교적 의미와 당시의 문화적 특성 등 몇 가지 이유를 들어 설명한다.

첫째, 일반 스님과의 차별성을 두기 위해 짧은 머리카락을 만들어 놓았다는 것이다. 불상은 종교적 숭배 대상이므로 어떤 형태로든 차별화가 필요했다는 의미다. 둘째, 부처 시대에는 출가자들이 완전히 민머리로 깎지 않고 머리를 살짝 덮을 정도로 남겨두었다는 것이다. 그리고 이를 보기 좋게 다듬어 바로 소라 모양의 곱슬머리 형태가 되었다는 것이다.

그러면 왜 하필이면 곱슬머리일까. 이에 대해서는 불상이 만들어질 당시

불두화(성남시청공원, 2021.4.18.)
부처의 곱슬머리를 닮았다.

의 문화적 특성에서 그 기원을 찾는다. 불상은 불교의 태동 초기부터 만들어
진 것이 아니다. 불상이 등장하기 이전까지 불교의 숭배 대상은 부처의 사리
를 모신 불탑이었다. 불상은 그 이후 등장하는데 문화적으로는 당시 동양으
로 전파된 서양 문화, 즉 그리스 헬레니즘 문화의 영향을 받은 것으로 알려졌
다. 초기 불상이 만들어진 시기는 B.C. 4세기경으로 그리스와 불교 문명이 만
나 '간다라 문화'가 꽃피는 시기였다. 이러한 문화적 흐름 속에서 당시 불상은
대개 그리스 신상을 모델로 제작되었는데 그리스 신상들의 머리 모양새가 곱

슬머리였던 것이다. 당시 부처를 상징하는 32상 중 하나가 '소라 같은 머리칼이 오른쪽으로 말려 오르고 빛깔은 검푸르다'였다.

불두화의 생태 특징은 수국이나 큰나무수국과 비슷하다. 불두화의 꽃색은 처음에는 연두색이었다가 시간이 지나면서 흰색이 되고 꽃이 시들 무렵에는 누런색으로 변한다. 이렇게 꽃색이 변하는 것은 인동과 식물의 특징이다. 이러한 생태적 유전자는 불두화의 모체인 백당나무에서 물려받은 것이다.

백당나무는 인동과 가막살나무속의 낙엽관목이다. 산분꽃나무속으로 분류하기도 한다. 5~6월 가장자리에 흰색의 가짜꽃과 가운데의 진짜꽃이 함께 피어 접시 모양의 편평꽃차례를 이룬다. 그 모양이 마치 흰 엿이나 흰 피륙을 펼쳐놓은 듯하다는 뜻에서 백당나무라 불리게 된 것으로 알려졌다. 고어에서는 흰 엿도 백당(白糖), 흰 피륙도 백당(白唐)으로 표현했다. 경기도에서는 '접

백당화(중앙공원, 2021.4.30.)
가장자리로는 가짜꽃이, 안쪽으로는 진짜꽃이 자리한다.

↑ 백당나무 여름
  열매(중앙공원,
  2021.6.11.)

→ 백당나무 가을
  열매(중앙공원,
  2021.10.27.)

시' 모양을 살려 아예 사발꽃나무라 했고, 북한에서는 접시꽃나무라 부른다.

백당나무 꽃은 생태 특징이 아주 독특하다. 꽃이삭 가장자리로 지름 3센티미터 정도의 큼지막한 가짜꽃(헛꽃, 변두리꽃, 장식화, 중성화, 무성화)이 달리고 가운데에 자잘한 진짜꽃(양성화, 정상화)들이 모여 핀다. 가짜꽃은 암술이나 수술이 없이 꽃잎으로만 된 것을 가리킨다.

이러한 생태 특징은 산수국과도 같다. 백당나무에서 가짜꽃만 피도록 개량한 품종이 바로 불두화다. 꽃이삭도 접시 모양에서 작은 공 모양으로 바꿔

라나스덜꿩나무(인천수목원, 2022.4.28.)

놓았다. 백당나무의 잎은 오리발처럼 세 갈래로 갈라져 있어 꽃이 없어도 다른 나무와 쉽게 구별된다.

그런데 백당나무와 헷갈리는 식물이 하나 있다. 바로 '라나스덜꿩나무'다. 이름에 덜꿩나무가 있듯이 꽃은 백당나무 꽃이지만 잎은 덜꿩나무를 쏙 빼닮았다. 이 라나스덜꿩나무를 또 개량한 것 같은 꽃이 불두화와 비슷하게 생긴 '설구화'다. 참 복잡한 식물 세계다.

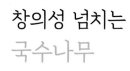

창의성 넘치는
국수나무

국수나무는 줄기 속(pith)이 국수처럼 생긴 흰색 물질로 채워져 있고, 또 흰색을 띤 묵은 가지가 무성한 푸른 잎 사이사이로 얽혀 있는 모습이 국수 가락을 닮았다고 해서 붙인 이름이다. 어린 가지가 지그재그로 뻗기에 나무는 빈틈없이 꽉 찬 덤불 모양이다. 국수나무는 봄에서 여름으로 넘어가는 계절에 흰색 꽃을 피워내는 일종의 간절기 꽃이다.

국수나무라는 이름이 처음 등장하는 것은 《조선식물명휘》로, 당시 국수나무라는 이름은 강원도 방언에서 가져온 것이란다. 이 국수나무는 강원도에서 나고 자란 내게는 아주 친근하고 눈에 익은 나무로 기억에 남아 있다. 들로 산으로 놀러 나가 심심하면 이 국수나무 줄기를 꺾어 흰 '국수'를 쭉 뽑아서는 한참을 가지고 놀았다.

국수나무의 별명은 '움직이는 나무'다. 나무가 움직인다? 우리 상식을 뛰어넘는 이야기이지만 사실이다. 동물처럼 빠르지는 않지만 아주 천천히 제자리에서 조금씩 이동한다. 이는 식물의 정의에 위배되는 개념이다. 식물의 사전적 정의는 "살아 있는 유기체로 대개 엽록소를 가지고 있으며 교목류, 관목류,

↑ → 국수나무(밤골계곡,
2021.5.12.)
무성한 푸른 잎 사이사
이로 흰색의 묵은 가지가
얽혀 있는 모습이 영락없
는 국수 가락이다.

초본류, 양치류, 이끼류를 포함한다. 보통 고정적인 위치에서 자라고 뿌리를 통해 물과 무기질을 흡수하여 광합성으로 잎에서 양분을 합성한다"이다.

이 정의에 따르면, 동물과는 달리 식물은 일단 자리를 잡으면 한 발자국도 못 움직인다. 그런데 국수나무는 이 원칙을 어기고 조금씩 자리를 옮긴다. 휘어진 줄기를 통해 땅에 새로운 뿌리를 내리고 더 많은 햇빛을 받을 수 있는 장소로 자신의 위치를 조금씩 이동하는 것이다.

식물이 제자리를 지킬 수 있게 하는 건 바로 뿌리다. 하지만 일부 식물은 특별하게 적응한 뿌리를 이용해 오히려 땅속에서 자신의 위치를 이동한다. 이러한 뿌리를 수축근(收縮根)이라고 한다. 수축근은 보통 비늘줄기, 알줄기 또는 뿌리줄기를 가진 식물에서 발견된다. 수축근은 수축과 확장을 통해 주변 흙을 옆으로 밀쳐 알뿌리가 아래로 뻗을 수 있는 통로를 마련하고 토양 속으로 더 깊게 잡아당김으로써 자리를 이동한다. 이는 식물에게 더 높은 안정성을 제공하기 위함이다.

알뿌리 식물의 어린 묘는 처음에는 토양의 표면 근처에서 자라기 시작한다. 하지만 성장하는 알뿌리가 지표 가까이에만 머무르게 되면 꽁꽁 얼거나 직사광선에 노출되어 건조되기 쉬울 뿐만 아니라 동물에게 먹히기 십상이다. 그래서 일단 싹을 틔운 뒤에는 알뿌리를 보호하기 위해 다시 땅속 깊은 곳으로 자리를 옮기는 전략을 세웠고, 이를 위해 수축근이라는 아주 특별하고 기발한 뿌리를 창조해냈다.

강원도 횡성숲체험원에서는 16가지 성격유형검사(MBTI)와 관련하여 식물 16종(나무 11종, 꽃 5종)을 소개하고 있다. 우리 주변에서 쉽게 볼 수 있는 식물과 자신의 성격을 재미 삼아 접목해보는 일종의 '심리테스트'이다. 이 식물

국수나무(국립수목원, 2022.3.25.)

가운데 국수나무도 있다. 국수나무는 MBTI e형이다. 창의적이고 활동적이고 순발력 있다는 뜻이다. 국수나무의 속성을 잘도 찾아냈다. 나도 횡성숲체험원 홈페이지에서 즉석 심리테스트를 받아 보았다. 모두 12개 문항에 하나씩 답을 해나가니 바로 결과가 나온다. 나는 "호기심 많은 예술가 '함박꽃나무'"란 다. 우리의 숲 체험이 참 많은 진화를 하고 있다. 일종의 숲 인문학인 셈이다.

한국과 일본, 갈등의 지정학

식물 중에는 줄기가 부드럽고 힘이 없어 스스로 지탱하기 어려운 식물이 있다. 바로 덩굴식물이다. 이 식물은 이러한 약점을 보완하기 위해 오히려 유연성을 이용해 줄기를 스스로 밧줄처럼 꼬면서 성장한다. 그래서 전요식물(纏繞植物)이라고 한다. 이 식물이 몸을 꼬는 방법은 다 제각각인데 꼬는 방향으로 구분하자면 대개 시계 방향과 반시계 방향으로 나뉜다. 칡, 댕댕이덩굴, 나팔꽃 등은 반시계 방향, 등나무, 환삼덩굴, 인동덩굴 등은 시계 방향군에 속한다.

잘 알려져 있듯이 갈등(葛藤)이라는 말은 칡과 등나무가 얽힌 상황을 빗댄 낱말이다. 같은 덩굴성이지만 칡은 왼쪽(반시계 방향)으로 등나무는 오른쪽(시계 방향)으로 감기 때문에 둘이 만나 얽히면 좀처럼 풀어내기 어렵다. 칡과 등나무는 풀이 아니라 나무이기 때문에 해가 거듭될수록 덩굴줄기는 단단한 목질부로 변한다. 시간이 지날수록 한번 꼬인 새끼줄은 더욱 단단해지고 결국에는 영원히 풀 수 없는 상태가 된다. 오죽하면 이런 상황을 빗대어 갈등이라는 말이 생겨났겠는가. 한데, 새끼줄은 그 '갈등'을 '생산적'으로 활용한 것 아닌가? 사용하기 나름이다.

가만히 생각해보면 현실에서 칡과 등나무가 만나 얽힐 확률은 그리 높지 않다. 이 둘은 지리적으로 살아가는 영역이 서로 다르기 때문이다. 칡은 냉온대, 등나무는 난온대 식생이다. 등나무는 봄(4~5월)에 꽃을 피우지만 칡은 한여름(7~8월)에 핀다. 그리고 보면 사람들 사이에서의 갈등도 결국 서로 다른 지리적 환경에서 자라고 생활한 사람들이 만나 '화학적 결합'을 하지 못하는 상황에서 일어나지 않는가.

그러면 갈등이라는 말은 상상 속에서 지어낸 개념일까? 물론 그건 아니다. 확률은 낮지만 칡과 등나무가 만나는 경우도 있다. 바로 지리적 점이지대(漸移地帶)다. 위도상으로 냉대와 온대지역은 선을 긋듯이 명확하게 구분되는 것이 아니라 그 사이에 일정한 면적이 있는 점이지대가 존재한다. 그러니 이 점이지대에서는 얼마든지 칡과 등나무가 만나 얽히고설킬 수가 있다. 지리적으로 보면 대체로 일본 교토 나라 지역 남쪽에서 시작해 서쪽 중국 대륙 동남부 지역으로 이어지는 곳이다.

물론 지구온난화에 따른 기후변화가 빠르게 진행되는 것을 고려하면 지금은 지리적 위치가 훨씬 더 북쪽으로 올라와 있을 가능성이 높다. 그런데 흥미로운 것은 한국, 중국, 일본에는 모두 칡과 등나무가 존재하지만, 중국의 등나무(紫藤자등)는 칡나무처럼 왼쪽으로 감는다. 따라서 어떤 학자들은 갈등이라는 말이 중국이 아닌 한국이나 일본에서 시작되었을 가능성이 높다고 주장한다. 일리가 있다. 한국과 일본, 이래저래 두 나라는 갈등의 소지가 태생적으로 참 많은 나라다.

칡은 콩과 칡속의 갈잎덩굴나무다. 칡이라는 이름은 고어 '즐'이 '츩'을 거쳐 변한 것으로 설명한다. 즐은 《향약구급방》에 등장하는데 이는 칡의 덩굴껍질을 섬유 등으로 이용한다는 뜻에서 '줄〔線선〕'의 개념으로 쓰인 것으로 보인다. 이렇듯 칡 하면 우리는 칡꽃보다 칡덩굴과 칡뿌리를 먼저 떠올린다. 칡은 우리 주변에서 쉽게 볼 수 있는 가장 흔한 식물이었고 우리 조상들은 이 칡을 생활 속에서 다양하게 활용했다.

매우 질긴 칡덩굴은 그 껍질을 벗겨내 밧줄, 바구니, 옷감, 벽지 등을 만드는 재료로 썼다. 녹말 성분이 많은 칡뿌리는 대표적인 구황작물이었고 칡뿌리를 가공한 칡국수, 칡즙 등은 지금도 특별식으로 대접받는다. 칡은 하루 동안 무려 30센티미터나 자란다고 한다. 그것도 장소를 가리지 않는다. 칡의 이

칡덩굴(밤골계곡, 2020.7.11.)

러한 에너지는 굵고 큰 뿌리에서 나온다. 칡은 왕성한 번식력 덕분에 산사태나 도로공사로 훼손된 산림 경관을 재빨리 회복하는 데 아주 효율적으로 활용 되었다. 그러나 시대가 변해 지금은 도시나 도로 경관을 해치고 산림생태계를 훼손한다고 해서 기피하는 식물로 전락해 버리고 말았다.

칡꽃은 7~8월에 핀다. 나비 모양의 적자색 꽃이다. 그런데 칡나무가 그렇 게 흔함에도 칡꽃은 웬만해서는 눈에 잘 띄지 않는다. 워낙 덩굴이 무성해서 꽃이 그 속에 파묻히기 때문이다. 칡꽃은 양봉업자들 사이에서 인기 없는 꽃 중 하나다. 꽃의 꿀샘에 이르는 통로가 좁고 깊어 벌들이 꿀을 꺼내기가 쉽지 않기 때문이란다. 칡 입장에서는 오랜 세월 고민한 끝에 세운 고도의 전략이 겠지만 얼른 이해되지는 않는다. 하긴 뿌리만으로도 워낙 왕성하게 세력을 키

칡꽃(밤골계곡, 2020.7.11.)

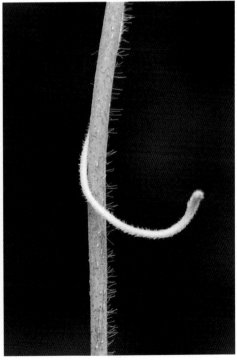

칡 덩굴손(밤골계곡, 2020.8.30.)

워나갈 수 있으니 에너지를 아낀다는 차원에서는 그럴 수도 있겠다는 생각이 든다.

흥미로운 것은 칡이 낮잠을 잔다는 것이다. 물론 밤에도 자고 낮에도 잔다. 그렇다고 늘 낮잠을 자는 것은 아니다. 한여름 햇빛이 너무 강할 때만 잔다. 칡이 넓적한 잎을 세우고 있다면 녀석이 낮잠을 잔다는 뜻이다. 이는 지나치게 강하게 내리쬐는 햇빛을 차단하기 위함이다. 광합성이 필요하기는 하지만 햇빛이 너무 강하면 오히려 광합성을 할 수 없고 또 잎에 해를 입히기 때문이다. 사람으로 말하자면 양산을 쓰거나 선크림을 바르는 것과 유사한 행동이다. 밤에 잘 때는 낮과는 반대로 아래쪽으로 잎을 숙인다. 이는 잎으로부터 수분이 빠져나가는 것을 방지하기 위함이다. 이렇게 잎을 자유자재로 움직일 수 있는 것은 잎 아랫부분에 잎바늘이라는 구조가 있기 때문이다. 이 정도면 칡이 꽤 똑똑하지 않은가.

식물이 애써 만든 씨앗을 퍼뜨리는 방법은 여러 가지다. 5월쯤 보라색 꽃을 피우는 등나무 씨앗은 여름이 되면 꼬투리열매가 열리는데, 이 열매가 순간적으로 열리면서 씨앗을 날려 보내는 추진력은 가히 폭발적이다. 그 씨앗이 날아가는 소리가 마치 총알 소리 같다고 한다. 좀 과장된 표현이기는 하겠지만 마음에 충분히 와 닿는다. 하긴 총알쯤은 아무것도 아니다. 북아프리카의 스쿼팅오이(Squirting cucumber)는 로켓이 발사하는 소리를 내며 씨앗을 2미터까지 공중으로 날려 보내고, 아마존 열대우림에 사는 샌드박스트리(Sandbox tree, 학명 *Hura Crepitans*)는 마치 다이너마이트가 터지는 요란한 폭발음과 함께 초속 60미터로 씨앗을 쏘아댄다고 하니 말이다.

식물의 이 같은 폭발력은 씨방에서 나온다. 씨방은 속씨식물의 특징이다.

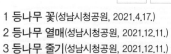

1 등나무 꽃(성남시청공원, 2021.4.17.)
2 등나무 열매(성남시청공원, 2021.12.11.)
3 등나무 줄기(성남시청공원, 2021.12.11.)

꽃이 피고 씨방에 열매를 맺고 그 열매를 터뜨려 후손을 퍼뜨리는 속씨식물이 지구상에 등장한 시기는 지질 시대로 보면 중생대까지 거슬러 올라간다. 우리가 현대기술 문명이라고 자랑하는 총, 로켓, 다이너마이트를 숲속 식물은 이미 1억 년 전부터 사용하고 있었다니 놀라울 뿐이다. 어쨌든 등나무 꽃이 지고 열매가 익을 무렵이면 등나무와는 좀 거리를 두어야겠다.

개성 만점
마가목

깃털 모양의 갈라진 나뭇잎, 목화솜 뭉치 같은 하얀 꽃, 꽃만큼이나 풍성한 새빨간 열매 뭉치, 새빨간 단풍잎 그리고 말 이빨을 닮을 날카로운 겨울눈 등은 마가목의 개성을 유감없이 보여준다. 그뿐이 아니다. 그 어느 나무보다 일찌감치 겨울눈을 터뜨리고 새순을 내보낸다. 이러한 특징 중에서 가장 마가목다운 것 하나를 꼽으라면 나무 이름에도 드러나듯이 단연 겨울눈이다.

마가목은 이름부터가 범상치 않다. 나무 이름은 대부분 그 나무의 식물학적 특징에서 비롯된다. 대체로 기준이 되는 것은 나무의 자생지, 진위 여부나 품질, 잎이나 줄기의 특성, 잎, 열매, 꽃 등의 색, 크기나 형태 등이다. 그런데 이들과는 기준이 차별되는 아주 독특한 나무가 바로 마가목이다.

마가목은 마아목(馬牙木)에서 변형된 것으로 본다. 글자 그대로 '말의 이빨처럼 생긴 나무'라는 뜻이다. 그러면 마가목의 무엇이 말 이빨을 닮았다는 이야기일까. 바로 겨울눈이다. 마가목의 겨울눈은 나무의 겨울눈 중에서 큰 겨울눈에 속한다. 말의 덩치만큼이나 큼지막하다. 마가목 겨울눈은 아래쪽이 통통하면서도 길고 끝이 뾰족하다. 색은 짙은 붉은색이다.

마가목 겨울눈(성남시청공원, 2021.1.30.)

마가목 엽흔(성남시청공원, 2021.11.27.)

그 아래쪽으로 엽흔도 뚜렷하다. 겨울눈을 관찰할 때 자연스럽게 눈에 들어오는 것이 겨울눈 바로 밑에 자리한 엽흔이다. 엽흔은 이름 그대로 가을에 잎이 떨어져 나간 흔적을 말한다. 엽흔은 사람으로 말하면 지문과 같아서 식물체마다 다 제각각이다. 바꾸어 말하면 엽흔을 통해 그 식물이 무엇인지 추정해 볼 수 있다는 뜻이다. 엽흔 안에는 대개 정확한 대칭 무늬가 새겨져 있는데 그 모양이 식물마다 다 다르다. 이 무늬는 관다발(관속)의 흔적이다. 뿌리를 통해 빨아들인 물이나 양분을 나뭇잎 쪽으로 보내는 일종의 수송로인 것이다. 이런 의미에서 보면 엽흔보다 관속흔(管束痕)이라는 말이 더 정확하다.

그런데 말은 초식동물이라 이빨이 마가목 겨울눈처럼 실제로 길고 뾰족하지 않다. 마가목 겨울눈과 말 이빨을 연결시키기에는 좀 무리가 따른다는 이야기다. 물론 수말의 경우 암말과 달리 턱 앞쪽에 겨울눈처럼 생긴 송곳니가 있기는 하다. 그래서 수말의 이빨 수는 모두 40개, 암말은 36개다. 그러나 이런

224

마가목 새순(성남시청공원, 2021.4.4.)

특이성을 일반화해서 나무 이름에 가져다 썼다고 보기는 어렵다.

　　그렇다면 '마아'의 정체는 도대체 무엇일까? 말은 사람과 달리 평생 이빨이 자란다고 한다. 그런데 말은 턱의 구조적 특성상 부정교합이 많아 이빨이 맞닿지 않는 부분은 송곳 모양으로 뾰족해지고 이를 그대로 방치하면 심각한 발달 장애를 일으킨다. 그래서 말은 주기적으로 치과 치료를 받는다. 이런 측면에서 보면 마가목 겨울눈이 말의 이빨을 닮았다는 것이 틀린 표현은 아니다. 이빨의 생김새뿐만 아니라 그 생체 특성까지 고려한 작명법이다. 평생 쑥쑥 자라는 말의 이빨과 봄이 되면 겨울눈에서 새싹이 힘차게 올라오는 것을 빗대는 데 무리가 없다. 게다가 부정교합으로 인한 '뾰족한 이빨'은 마가목의 겨울눈을 떠올리기에 충분하다.

← 마가목 꽃봉오리(성남
　시청공원, 2021.4.15.)

↓ 마가목 꽃(성남시청공원,
　2021.4.24.)

1	2
3	4

1 여름 마가목 열매(성남시청공원, 2021.7.3.)

2 여름 마가목 열매(성남시청공원, 2021.8.14.)

3 가을 마가목 열매(분당천, 2021.10.7.)

4 마가목 단풍(성남시청공원, 2021.11.27.)

나는 제주도 여행길에 말을 몇 번 타보았지만 녀석의 입을 열고 이빨을 관찰해본 적은 없다. 앞으로도 그럴 기회는 거의 주어지지 않을 것이다. 그러니 마가목 겨울눈을 들여다보면서 '아, 말 이빨이 이렇게 생겼구나' 하고 상상만 해볼 뿐이다. 겨울 식물 여행을 즐기는 또 하나의 방법이다.

성남시청공원에는 마가목 몇 그루가 있는데 그중 하나가 아주 튼실해서 겨울눈부터 시작해 여름꽃, 가을 열매 그리고 가을 단풍까지 마가목의 진면목을 유감없이 보여준다. 특히 짧은 기간이지만 산뜻한 녹색에서 시작해 노란색, 주황색 그리고 빨간색으로 변신을 거듭하는 드라마틱한 열매의 일생을 지켜보는 것은 들꽃 산책의 또 다른 즐거움이다.

노루발과 노루오줌

들꽃의 이름 중에는 노루발과 노루오줌처럼 이름에 야생동물의 신체나 기관의 특성에 빗댄 경우가 많다. 노루는 우리나라 전역에서 가장 흔하게 볼 수 있는 사슴과 동물이다. 그러니 노루와 관련한 전설, 속담 등의 이야기가 많이 전해지는 것은 매우 자연스럽다. 특히 포수에게 쫓기는 노루를 구해주는 설화가 많은데 〈나무꾼과 선녀〉가 대표적인 예다. 노루가 많은 것은 높고 낮은 산지의 산림지대와 숲 주변을 좋아하는 노루의 습성이 한국의 자연환경과 맞아떨어졌기 때문일 것이다.

노루발은 생물학적 분류상 현화식물문-목련강-철쭉목-노루발과-노루발속에 속하는 식물이다. 고원이나 산지의 나무숲 밑에서 잘 자라는 키 25센티미터 정도의 여러해살이풀이다. 백두산의 야생화로 많이 소개되는데 세계에서는 약 25종, 우리나라에서는 노루발, 콩팥노루발, 새끼노루발, 호노루발, 홀꽃노루발, 매화노루발, 산형노루발 등 7종이 알려져 있다.

노루발이라는 이름의 기원에 대해서는 두 가지로 설명된다. 첫째는 한자명 녹제초(鹿蹄草)에서 유래한 것으로, 겨울에도 푸른 잎의 모양이 노루의 발

또는 발자국을 연상시킨다는 뜻에서 붙인 이름으로 본다. 둘째는 긴 암술대가 꽃 밖으로 늘어진 모습이 마치 노루발처럼 생겼다고 해서 붙인 이름이라는 것이다.

노루발은 잎이 뿌리에서 직접 나오고 잎자루가 길며 둥근 모양이 특징이다. 6~7월에 곧게 선 꽃줄기에서 흰색 꽃이 핀다. 약 10밀리미터 크기의 꽃들이 밑을 향해 층층이 달려 있어 곤충이 노루발 꽃가루를 얻으려면 약간 수고로움이 따른다. 그런데 꽃줄기에 대롱대롱 매달린 꽃봉오리들이 활짝 피어난 모습을 보려면 상당한 인내의 시간이 필요하다. 그리 쉽게 봉오리가 열리지 않기 때문이다. 우리 동네에서 노루발을 볼 수 있는 곳은 맹산자연생태숲과 밤골계곡 그리고 포은정몽주선생묘역 근처 등산로 주변이다. 산책할 때마다 오가며 가끔 쪼그리고 앉아 노루발 꽃봉오리를 들여다보는 것은 들꽃 산책의 큰 즐거움 중 하나다.

노루오줌은 범의귀과의 여러해살이풀이다. 노루풀, 왕노루오줌, 큰노루오줌, 홍승마 등으로도 불린다. 키는 70센티미터 정도까지 자라고 7~8월에 원뿔꽃차례에서 옅은 분홍색의 자잘한 꽃이 핀다. 노루오줌은 약재로 쓰였던 뿌리를 캐내 비비면 오줌 냄새를 풍긴다고 해서 붙인 이름이란다.

그런데 수많은 야생동물 중에 그 냄새가 노루의 오줌 냄새인지 어떻게 알았을까. 노루의 수컷 중에는 텃세를 아주 심하게 부리는 녀석들이 있는데, 녀석들이 제 영역 표시를 위해 오줌과 똥을 사방에 뿌려놓기 때문에 그 근처에만 가도 지린내와 구린내가 심하게 풍긴다고 한다. 그러니 노루오줌이라 이름 붙이기가 어렵지 않았을 것이다. 그런데 쥐오줌풀도 있으니 노루와 쥐의 오줌 냄새가 또 어떻게 다른지 궁금하기는 하다.

1 노루발 새순(밤골계곡, 2020.4.18.)
2 노루발 꽃봉오리(밤골계곡, 2021.5.27.)
3 노루발 꽃(밤골계곡, 2020.6.17.)
4 노루오줌 잎(포은정몽주선생묘역, 2020.7.22.)
5 노루오줌 꽃(포은정몽주선생묘역, 2020.7.21.)

노란색 재나무

노린재나무, 흔히 이 나무 이름을 딱 듣는 순간 그 고약한 냄새를 풍기는 곤충을 떠올리지만 그 노린재와는 전혀 관계없다. 노린내가 나지도 않고 노린재가 살지도 않는다. 노린재나무를 태우고 남은 재는 염색할 때 물이 잘 들도록 하는 매염제로 쓰이는데 그 잿물의 색이 약간 노란색을 띤다고 해서 노린재나무가 되었을 뿐이다. 그래서 북한에서는 아예 노란재나무라 부른다. 《조선왕조실록》에도 노란색 재나무라는 뜻으로 황회목(黃灰木)으로 표기하고 있다. 노란색을 굳이 '노린'으로 표기한 데에는 과거에 '노란'을 '노른'으로 썼던 것에서 기인한다. 지금도 달걀 '노른자'라고 하지 '노란자'라고 하지 않는다.

잿물은 나무를 태운 재에 물을 붓고 침전시켜 걸러낸 물이다. 재의 주성분은 탄산칼륨인데 이것이 물과 반응하면 가수분해되어 알칼리성을 띤다. 우리가 사용하는 세탁비누 성분이 바로 알칼리성이다.

잿물은 비누가 널리 사용되기 전 세탁제로 많이 사용했다. 나 어릴 적 시골 생활에서도 부엌 아궁이에서 나온 재는 만능 세제였다. 이후 상품화된 양잿물이 판매되었고 잿물 대신 이것을 사다가 빨래를 삶는 데 사용했다. 양잿물은 외국에서 들어온 잿물이라는 뜻인데 공식 명칭은 가성소다였다. 양잿물 이후에 보급된 것이 바로 비누다.

노린재나무(밤골계곡, 2021.5.3.)

노린재나무의 위쪽 가지들은 옆으로 퍼지는 경향이 있어 전체적인 모양이 층층나무처럼 납작한 형태이다. 그러나 층층나무보다 키가 작아 외관상으로도 구별이 가능하다. 줄기는 단단하지만 건축재로는 적절하지 않고, 인장이나 지팡이 그리고 농업용 도구를 만드는 데 쓰인다. 5월에 흰색 꽃이 뭉쳐 피는데 그 모습이 마치 가지 위에 목화솜을 가득 올려놓은 것 같다. 꽃잎에 비해 상대적으로 꽃술이 길고 풍성해서 그 하나하나를 보면 하얀색 밤송이가 연상된다.

노린재나무(밤골계곡, 2021.4.25.)

녹색 꽃
천남성

천남성은 드물게 녹색 꽃이 피는 들꽃 중 하나다. 둥근잎천남성이라고도 한다. 자료에 따라 두 종을 분리하기도 하지만 일반적으로는 같은 종으로 본다. 무기질이 풍부하고 촉촉하게 습기가 있지만 물이 잘 빠지는 반(半)그늘이 진 땅을 좋아한다. 천남성의 꽃은 화려하지 않고 눈에 잘 띄지도 않는다. 바로 녹색 꽃이 피기 때문이다. 천남성은 여러 가지로 흥미로운 들꽃이다.

일단 천남성 꽃은 길쭉하고 둥근 꽃통 안에 들어 있다. 4월에 연녹색 꽃이 피고 7월쯤 '붉은 옥수수'를 쏙 빼닮은 열매가 달린다. 꽃통은 꽃을 감싸고 있는 얇은 막이 변형된 것으로 길이는 8센티미터 정도다. 통 위쪽에는 연녹색의 꽃덮개까지 달려 있다. 꽃덮개는 꽃통의 위쪽 막이 안쪽으로 꼬부라진 것으로 마치 챙이 긴 모자를 쓰고 있는 듯한 모양새다. 곤충이 꿀을 찾아 들어오기에는 아주 불편할지 모르지만 꽃술을 빗방울이나 먼지 등에서 보호해주는 목적으로는 이만한 장치도 없다.

꽃덮개는 양날의 칼이다. 꽃을 찾아 날아드는 곤충에게는 결정적인 장애물이다. 이런 사실을 알아챘는지 두루미천남성이라는 녀석은 꽃덮개 속의 꽃이삭 끝이 밖으로 길게 뻗어 있는 구조로 진화했다. 일종의 '유도 장치'다. 그 모양이 두루미의 길쭉한 목을 닮았다. 이러한 꽃의 구조 때문에 곤충은 이 꽃 속으로 일단 들어가면 쉽게 빠져나오기 어렵다.

그러나 모든 꽃이 그런 건 아니다. 수꽃은 그나마 아래쪽에 살짝 탈출구가 열려 있어 한참 고생하면 겨우 빠져나오기는 한다. 수꽃의 이런 '틈새'는 영양실조 때문일 가능성이 높은 것으로 알려져 있다. 천남성은 암수딴그루의 식물인데 독특하게도 식물의 영양 상태가 좋으면 암꽃이 피고, 그렇지 못하면 수꽃이 핀다. 일종의 성전환이 일어나는 것이다. 어쨌든 파리를 잡아먹는 파리지옥이라는 식물이 따로 있기는 하지만 천남성, 특히 암꽃은 '파리 무덤'과 다름없다.

천남성은 독성이 강한 식물 중 하나다. 특히 땅속의 둥근 덩이줄기는 맹독성을 지녔다. 옛날에 사약을 만들 때는 이 천남성과 투구꽃을 섞어 만들었을 정도다. 천남성 잎은 유난히 큼지막하고 가시나 털이 없어 먹음직스럽게 보인다. 그러나 잎 속에 독성이 강한 물질이 들었음을 아는 벌레 등 야생동물들은 거들떠보지도 않는다. 정작 사람들은 멋모르고 이 천남성 잎을 따서 음식을 담는다든지 급할 때 화장지용으로 대신 쓰는 바람에 화를 당하기도 했다.

하지만 독과 약은 종이 한 장 차이인 법, 이 천남성은 가래를 삭이는 약으로도 쓰였다. TV 드라마 〈대장금〉에는 장금이 의녀가 되기 위해 약초 시험을 보는 장면이 나온다. 많은 약재를 늘어놓고 그중에서 약초와 독초를 구별해내는 시험이다. 장금은 공부한 대로 큰 어려움 없이 약초와 독초를 골라냈다. 그러나 뜻밖에도 장금은 낙제 점수를 얻었다. 출제자가 의도한 정답은 '사람의 체질과 증상에 따라 약초가 되기도, 독초가 되기도 한다'였다.

천남성(天南星)은 남쪽 하늘의 별이라는 의미인데 이는 약재로 쓰이는 덩이줄기의 약효가 강해 하늘에서 가장 양기가 강하다는 남쪽의 별 노인성(老人星, Canopus)에 비유해 붙인 이름이다. 노인성은 남극노인성이라고도 한다. 그런데 노인성이 워낙 남쪽으로 기울어져 있어 북반구 중위도, 즉 북위 37.3도 이북에서는 우리 눈에 잘 들어오지 않는다. 남쪽에서도 시기를 잘 맞추어야 잠깐 볼 수 있을 뿐이다. 그러다 보니 이 별을 보는 것 자체를 무척 신비스럽게 생각했고 이 별을 보게 되면 장수한다는 말이 있을 정도였다. 극과 극은 통한다는 말이 여기에도 적용된다.

천남성의 꽃은 독특하게도 녹색 꽃이다. 꽃식물은 35만 종이 넘는데 이들의 꽃향기와 크기, 모양은 모두 꽃가루 매개자의 관심을 끄는 데 중요한 역할을 한다. 꽃의 색깔은 의심할 여지 없이 식물이 눈에 잘 띄기 위한 매우 중요한 방법 가운데 하나다. 식물은 꽃가루 매개자의 시각적 선호도에 부응하기 위해 다양한 색깔들로 진화되었다. 새는 붉은색과 주황색에 매료되고 벌은 파란색과 보라색에 이끌리며 말벌은 특히 짙은 자갈색을 좋아한다. 분홍색은 나비와 일부 나방이 선호하고 노란색은 나비, 벌, 꽃등에, 말벌의 관심을 끌고 하얀색은 야행성 나방과 딱정벌레 그리고 나비와 파리를 끌어들인다.

그러나 처음부터 꽃들이 이렇게 무지개색으로 화려하게 빛났던 것은 아니다. 과학자들은 다양한 꽃가루 매개곤충보다 꽃들이 더 일찍 진화했으며, 초기의 꽃은 주변 잎과 마찬가지로 초록색이었다고 믿는다. 그러니 천남성의 녹색 꽃은 모든 꽃의 원조 격인 셈이다.

식물과 꽃가루 매개자 사이에 긴밀한 관계가 형성되고, 꽃가루 매개자들끼리의 경쟁이 치열해지면서 식물은 특정한 종을 끌어들이기 위해 특별한 꽃

천남성(문형산 용화선원 계곡, 2021.4.7.)

천남성(포은정몽주선생묘역, 2021.4.20.)

천남성 열매(문형산 용화선원 계곡, 2021.10.14.)

색을 만들기 시작했다. 일종의 맞춤 꽃색이다. 곤충과 새는 모두 다양한 색깔을 볼 수 있기는 하지만, 모두가 같은 방식으로 색깔을 감지하는 것은 아니다. 벌을 비롯한 다른 많은 곤충은 자외선을 감지해 꿀이 있는 곳으로 가는 길을 더 쉽게 식별할 수 있다.

꽃색은 그 중심과 주변이 다른 이중 구조로 되어 있는 것이 보통이다. 대체로 더 밝은 색깔을 띠는 꽃의 중심은 벌에게 그 속에 더 달콤한 보상이 있음을 귀띔해주고, 벌은 이에 저절로 마음과 몸이 이끌리게 된다.

소똥과 앵초

앵초는 관상용으로 가장 많은 품종이 개발된 꽃 중 하나다. 대표적인 봄꽃으로 알려진 프리뮬러(Primula)는 어떤 특정한 종의 꽃을 말하는 것이 아니라 서양에서 개발된 모든 앵초의 원예품종을 가리킨다. 앵초의 속명(屬名)도 바로 프리뮬러(*Primula*)다. 앵초의 한자어 앵(櫻)은 앵도나무 또는 벚나무를 가리킨다. 결국 앵초는 '앵두꽃 또는 벚꽃과 비슷한 꽃이 피는 풀'이라는 뜻인데 사실 앵초꽃에서 앵두꽃이나 벚꽃을 떠올리기는 쉽지 않다. 어쨌든 앵초만큼은 한국, 중국, 일본 세 나라가 같은 이름을 쓰고 있다고 하니 이건 아주 흥미롭다.

앵초는 영어권에서는 프림로즈(primrose), 카우슬립(cowslip, 노란구륜앵초) 등으로도 불린다. 프림로즈에 로즈가 있기는 하지만 우리가 알고 있는 '장미'와는 전혀 관계가 없다. '최초로 피는 꽃(primerole)'에서 변한 이름으로 알려져 있다. 이런 의미에서 보면 한자어 앵의 경우도 앵두꽃이나 벚꽃과는 전혀 관련성 없이 붙였을 가능성도 있다.

카우슬립은 '소'와 '똥'의 합성어다. 고개가 갸우뚱해지기는 하지만 여기에는 산야에서 앵초의 꽃과 잎을 함께 뜯어 먹은 소의 똥 속에 들어 있던 앵초 씨가 소똥과 함께 들판 여기저기에 흩뿌려져 소똥의 풍부한 영양분을 이용해 잘 자란다는 의미가 들어 있다고 하니 제법 그럴듯하다. 서양의 농촌에서는 앵초 꽃 꽃다발을 소의 목이나 외양간 문 앞에 걸어두는 풍습이 전해지고 있는데 이는 소가 건강하게 자라고 우유를 많이 생산하기를 바라는 마음에서 비롯된 것이란다. 이래저래 서양에서 소와 앵초는 긴밀하게 연결되어 있는 것 같다.

앵초의 키는 15~40센티미터 정도 자라고 산기슭의 반그늘이 지는 계곡 주변이나 습지에서 많이 발견된다. 잎은 주름진 주걱 모양으로 잎 전체에 흰털

앵초(맹산자연생태숲, 2021.4.11.)

들이 수북이 돋아 있는 것이 특징이다. 5장의 꽃잎은 끝에서 하트 모양으로 갈라졌는데 그 모양이 마치 고대의 궁궐 문을 여는 열쇠를 닮았다고 해서 한때는 열쇠꽃으로 불리기도 했다.

앵초는 한 몸에 암술과 수술이 같이 있는 양성화인데 '제꽃가루받이'를 방지하기 위해 구조적으로 암술과 수술의 길이가 다르게 설계되어 있다. 그런데 여

앵초(문형산 용화선원 계곡, 2021.4.8.)

느 양성화와는 전혀 다른 특징이 하나 더 있다. 바로 동종이형(同種二形)의 양성화라는 것이다. 앵초꽃은 겉모양은 같아도 꽃 대롱을 세로로 잘라보면 상대적으로 암술과 수술의 길이가 서로 다른 두 종류의 꽃이 피는 것을 확인할 수 있다. 즉 암술이 수술보다 긴 장주화(長柱花)와 암술이 수술보다 짧은 단주화(短柱花)다. 동종이형 연구의 역사는 150여 년 전 다윈까지 거슬러 올라간다고 하니 역시 다윈은 다윈이다.

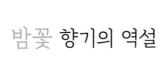

밤꽃 향기의 역설

　밤나무는 밤이 주렁주렁 열려 있을 때라야 그 이름값을 한다. 밤이 없는 밤나무는 참나무류와 분별이 안 된다. 밤나무는 참나무과의 식물이라 잎만으로는 그 많은 참나무류 속에서 밤나무를 쏙 집어내기가 쉽지 않다. 물론 방법이 하나 있기는 하다. 아주 독특한 밤꽃 향기다. 초여름, 밤나무는 야릇한 향기를 뿜어내며 존재감을 마음껏 과시한다. 한겨울 내내 차곡차곡 쌓아두었던 에너지를 한꺼번에 쏟아내는 듯하다. 그 고유한 비릿함이 풍겨올 때면 저절로 주변을 두리번거리게 된다.

　밤골계곡이나 율동공원 그리고 포은정몽주선생묘역 일대에는 밤나무가 많다. 때가 되면 마치 수수이삭처럼 생긴 길쭉한 밤꽃 송이가 온통 밤나무를 뒤덮는다. 밤나무 수꽃이다. 밤의 한자어인 율(栗)은 밤나무 꽃과 열매가 주렁주렁 매달린 모습을 본뜬 상형문자다. 밤나무는 암수한그루 식물이다. 수꽃은 꼬리 모양의 긴 꽃이삭에 달리고, 암꽃은 그 아래쪽으로 조금 떨어진 곳에 2~3송이씩 달린다. 우리가 '밤꽃'으로 알고 있는 바로 그 꽃이 수꽃이다. 그런데 희한하게도 얼마 전까지만 해도 암꽃을 본 기억이 없었다. 한 이삭에 두

밤나무(율동공원, 2021.6.17.)
멀리에서 봤을 때 하얗게 보이는 꽃 무리는 모두 밤나무 수꽃이다.

밤나무 수꽃봉오리(포은정몽주선생묘역, 2021.5.31.)
사진 오른쪽 가운데쯤 수꽃봉오리 아래쪽으로 콩알만 한 암꽃이 몇 송이 보인다.

세 송이씩 달린다고 하는데도 말이다.

왜 우리는 밤나무 암꽃을 쉽게 보지 못하는 것일까. 첫째 이유는 암꽃이 너무 작기 때문이다. 게다가 암꽃과 수꽃은 동시에 피지 않는다. 수꽃이 피어 꽃가루를 날릴 즈음이 되어서야 암꽃이 슬그머니 피어난다. 수꽃이 피고 1주일쯤 지난 시기다. 그러잖아도 자잘한 암꽃이 한껏 풍성해진 수꽃의 그늘에 묻혀버리는 것이다. 그뿐이 아니다. 암꽃은 수꽃으로부터 수정이 일어나면 바로 밤송이로의 변신이 시작된다. 아차 하는 순간에 암꽃이 사라지고 마는 것이다. 이래저래 존재감 없는 암꽃 구경이 결코 쉽지 않다.

운 좋게도 2021년 6월 말 어느 날 포은정몽주선생묘역 산책 중 내 눈에 밤나무 암꽃이 들어왔다. 사전에 공부를 한 덕이다. 사실 보았다기보다는 찾아냈다는 말이 더 정확할 것이다. 암꽃 밑동에서 벌써 새끼 밤송이가 자라기 시작하고 있고 그 머리 부분에 암꽃 흔적이 살짝 남아 있었다.

밤나무 암꽃(포은정몽주선생묘역, 2021.6.29.)
수꽃에서 꽃가루가 폴폴 날릴 즈음에 암꽃이 슬그머니 피어난다.

밤송이가 서서히 자라기 시작하면 제 역할을 다한 수꽃은 갈색으로 변하고 점점 쪼그라들면서 땅바닥으로 떨어져 내려 수북이 쌓인다. 암꽃도 튼실한 밤송이로 대체되어 그 모습을 감춘다. 그리고 나면 계절은 어느덧 가을로 슬그머니 넘어간다.

옛말에 "6월 밤나무골 과부 몸부림치듯 한다"는 이야기가 있다. 조선 시대에는 밤꽃이 필 무렵이면 부녀자의 외출을 삼가기도 했다. 밤꽃 향기가 좀 독특하기는 하다. 향기라고 하기에는 살짝 불쾌해서 오히려 냄새라는 표현이 더 어울린다. 이 냄새는 암꽃이 아니라 수꽃에서 풍긴다. 이 독특한 밤꽃 향기가 비릿한 남성의 정액 냄새와 비슷하다고들 말하는 이가 많다.

이 말은 맞다. 둘의 화학 성분이 같기 때문이다. 비릿함의 근원은 스퍼미딘(spermidine)과 스퍼민(spermine)이라고 하는 성분이다. 그래서 정액의 영어 표기도 스펌(sperm)이다. 이 성분은 수용액에서 알칼리성을 띤다. 정액이 이 성분

밤나무 수꽃(포은정몽주선생묘역, 2021.6.29.)
수꽃이 활짝 피어나면 밤나무골 일대는 비릿한 정액 냄새로 진동한다.

을 품고 있는 것은 강산성인 여성의 질 속에서 정자가 어떻게든 살아남게 하기 위함이란다. 고개가 끄덕여지는 대목이다. 밤꽃도 암술 수정관에 탄닌산이라는 산성 물질이 있는 것을 보면 밤나무 수꽃이 이 성분을 고집하는 이유를 알 것도 같다.

2009년 유럽의 연구자들은 흥미로운 연구 결과를 발표했다. 세포 내의 스퍼미딘 농도는 나이가 들수록 줄어드는데 사람의 면역세포에 스퍼미딘을 공급해주자 수명이 크게 늘어났다는 사실을 발견했다는 것이다. 스퍼미딘이 노화의 원인인 산화스트레스를 감소시켰기 때문이라는 설명이다. 밤꽃 향기를 무조건 피할 것이 아니라는 생각도 살짝 든다.

꿀벌로 경제활동을 하는 이들에게 밤꿀은 양날의 칼이다. 꿀맛의 정체성은 달콤함인데 밤꿀은 이와 거리가 멀다. 오히려 쓴맛이 앞선다. 그럼에도 밤꿀만 찾는 이가 많다. 항산화성분이 그 어느 꿀보다 풍부하기 때문이다. 그야말로 약꿀이다.

식물이 화려한 꽃을 피워내고 깊숙이 꿀을 숨겨놓는 것은 곤충을 끌어들이기 위함이다. 그런데 문제는 꿀벌이 이 밤꿀을 별로 좋아하지 않는다는 것이다. 밤꽃이 아무리 풍성해도 주변에 다른 꽃들이 피어 있으면 꿀벌들은 일단 밤나무를 거들떠보지도 않는다. 그래서 밤꿀은 귀하다. 이래저래 수수께끼 같은 밤나무의 생존 전략이다.

석잠풀로 누에 공부하기

석잠풀은 꿀풀과 석잠풀속의 여러해살이풀이다. 민석잠풀, 배암배추, 뱀배추라고도 한다. 줄기에 털이 있으면 개석잠풀, 없으면 석잠풀로 구별하기도 한다. 한자어 '石蠶(석잠)'은 우리말로 옮기면 '돌누에'다. 석잠은 '물여우'를 한방에서 쓰는 말이기도 한데 이는 물에 사는 날도래 애벌레를 가리킨다. 애벌레 모양이 꼭 누에(누에나방의 유충)를 닮았고 이 애벌레는 물속 돌 밑에 집을 짓고 산다. 이 날도래 애벌레는 어릴 적 시골에서 지렁이와 함께 물고기를 잡을 때 쓰는 최고의 미끼였다.

그런데 왜 하필이면 이 석잠이라는 말이 풀이름이 되었을까. 도대체 석잠풀의 어떤 속성이 '물속 돌 밑에 집을 짓고 사는 누에 모양의 날도래 애벌레'와 연관이 있는 것일까. 알고 보니 그 비밀은 석잠풀의 뿌리에 있었다. 석잠풀의 뿌리는 성장하면서 누에 모양의 뿌리 열매가 달리는데 이것이 바로 한약재로 이용되는 초석잠(草石蠶)이다. 이 초석잠은 '돌처럼 단단한 누에'이니 돌누에라는 표현이 얼마든지 가능하다.

초석잠은 11월부터 뿌리에 달리기 시작해 11월 중순부터 이듬해 봄까지

← 석잠풀 꽃(밤골계곡, 2020.7.11.)

↓ 석잠풀 잎(밤골계곡, 2020.7.11.)

수확한다고 한다. 누에가 이런 크기와 모양을 갖추려면 좁쌀만 한 개미누에가 부지런히 뽕잎을 먹으면서 석잠(4령)을 자야 한다니, 비록 의미는 다르지만 석잠이라는 이름이 탄생하는 데 어느 정도 기여했다고도 할 수 있다.

　누에도 나이가 있다. 1령(齡)에서 5령까지다. 누에나방의 알에서 갓 깨어난 새끼 누에가 3밀리미터 정도의 개미누에인데 이를 1령이라고 한다. 태어나면서부터 나이 한 살을 먹는 것이다. 이는 우리가 전통적으로 써왔던 '한국 나이' 셈법과 같다. 2023년 6월부터는 우리도 대다수 외국처럼 '만 나이'를 사용하는 것으로 법이 바뀌었다. 누에는 이후 2령부터 한 잠씩 자면서 나이를 먹어간다. 마지막 잠은 4잠이고 5령이 된다. 5령이 익은 누에로 이때 크기는 5센티미터 정도가 된다. 여기까지 20~25일이 걸린다.

　석잠풀이라는 이름은 물여우와 초석잠이 얽히고설키는 꽤 복잡한 과정을 거쳤지만 결국 그 기원은 '누에를 닮은 돌처럼 단단한 뿌리'에 있다고 할 수 있다. 그런데 주의해야 할 것이 하나 있다. 초석잠의 뿌리는 번데기형과 애벌레형 두 가지 모양이 있는데 이 중 번데기형이 바로 석잠풀의 뿌리이고, 애벌레형은 전혀 다른 식물인 쉽싸리의 뿌리라는 점이다. 우리가 초석잠이라고 부르는 것은 석잠풀의 번데기형 뿌리다.

바지런한
쉬땅나무

쉬땅나무는 주로 중북부 산간지대에 자생하는 나무로 그 키는 2미터까지 자란다. 개쉬땅나무, 밥쉬나무라고도 부른다. 나무 이름은 꽃송이 모양이 마치 수수이삭과 같다고 해서 얻었는데 쉬땅은 수수의 평안도 방언이다. 개쉬땅나무는 '가짜 수수'라는 의미다. 함경북도에서는 수수를 밥쉬라고 한다.

쉬땅나무의 잎은 아주 흥미롭게 생겼다. 작은 잎(소엽, 단엽)이 중심 줄기를 따라 여러 장 달린 겹잎(복엽) 구조다. 겹잎은 다시 둘로 구분된다. 작은 잎들이 중심 줄기를 따라 깃 모양으로 달려 있는 것을 우상복엽(羽狀複葉, 깃꼴겹잎), 작은 잎들이 하나의 공통된 지점으로부터 손 모양으로 갈라져 나오는 것을 장상복엽(掌狀複葉, 손꼴겹잎)이라 한다. 쉬땅나무는 우상복엽이다.

쉬땅나무를 구성하는 작은 잎들은 가장자리에 겹톱니가 있고 끝이 뾰족하다. 이러한 구조는 광합성을 위해 이산화탄소를 더 많이 흡수할 수 있도록 표면적을 넓게 해주는 효과가 있다. 반면에 주변 공기의 움직임이 활발해져 더 많은 물이 손실되기 때문에 사막 식물들은 이런 톱니구조가 없이 가장자리가 매끄럽다. 쉬땅나무 잎은 잎맥이 뚜렷한 것도 특징이다. 잎맥은 잎세포에 수분과 양분을 공급하고, 잎에서 만든 탄수화물을 식물체의 다른 부분으로 운반하는 역할을 한다.

장마가 끝나고 무더위가 기승을 부리는 7~8월이면 가지 끝의 원뿔꽃차례에서 흰색 꽃이 핀다. 꽃잎보다 긴 수술이 40~50개나 돋아 있어 멀리서 보면 마치 새하얀 솜뭉치처럼 보인다. 수술이 20개 정도로 적은 것은 좀쉬땅나무라고 해서 따로 구분하는데 이는 중국 원산으로 알려져 있다.

쉬땅나무 꽃의 매력 중 하나는 마

쉬땅나무 잎(성남시청공원, 2020.7.10.)
작은 잎들이 중심 줄기를 따라 깃 모양으로 달려 있는 우상복엽이다.

쉬땅나무 꽃(성남시청공원, 2021.7.3.)

치 진주 알갱이를 연상케 하는 꽃봉오리에 있다. 그래서 한약재로서의 쉬땅나무는 진주매(珍珠梅)라 불린다. 여기에서 '매'는 꽃이 매화를 닮았다는 의미다. 꽃 이름에 매화의 의미가 담겨서 그런지 쉬땅나무는 그 어떤 식물보다 이른 계절에 봄을 맞는다.

쉬땅나무 꽃봉오리(성남시청공원, 2021.7.3.)
한약재로서의 쉬땅나무는 진주매라고 하는데 이는 꽃봉오리가 진주 알갱이를 연상케 해 붙인 이름이다.

쉬땅나무 겨울눈(성남시청공원, 2021.2.11.)   쉬땅나무 새순(성남시청공원, 2021.2.11.)

2021년 2월, 한낮 기온이 10도를 훌쩍 넘어가는 날이 잦아지면서 겨울눈들이 봄맞이 채비로 바빠졌다. 특히 성질 급한 쉬땅나무는 벌써 겨울눈을 하나둘씩 터뜨리기 시작했다. 하긴 달력을 보니 입춘이 지난 지 이미 열흘쯤 되었고 또 열흘 남짓이면 달력상 봄이 되는 3월이다. 두 봄의 한가운데 있으니 겨울눈들이 조바심을 낼 만도 하다.

피그미족을 닮은
큰벼룩아재비

큰벼룩아재비는 마전과(馬錢科)의 한해살이풀이다. 마전이라는 식물은 높이 10~13미터의 낙엽교목인데, 마전자라고 불리는 씨는 흥분제나 쥐약의 재료로 쓰인다고 한다. 마전과의 식물은 벼룩아재비속의 연약한 풀 2종을 빼고는 모두 목본류이다. 마전과 식물답지 않게 큰벼룩아재비는 키가 5~20센티미터 정도로 매우 작다. 이처럼 일반적으로 한 '과'에 속한 식물들의 공통된 특징을 집어내기란 여간 어렵지 않다. 마전과의 특징 중 하나가 녹백색의 작은 꽃이 취산화서(聚繖花序)로 피는 것이라니, 이것이 공통점이라면 공통점일 수도 있겠다.

큰벼룩아재비는 잎이 없는 가는 줄기만 삐죽이 올라와 그 꼭대기에서 다시 꽃대가 몇 개 나오고 여기에서 7~10월에 흰색의 작은 꽃이 핀다. 아프리카의 키 작은 부족인 피그미족의 이름을 따온 종소명 피그매아(*pygmaea*)가 바로 큰벼룩아재비의 특성을 잘 말해준다.

작고 흰색 꽃이 핀다는 점에서는 봄맞이꽃을 닮기도 했다. 이 꽃을 처음 만나 식물 앱으로 사진을 찍었더니 봄맞이꽃이라 일러준다. 그런데 도감을 찾

큰벼룩아재비(포은정몽주선생묘역, 2020.10.13.)
잔디밭은 연약한 큰벼룩아재비의 안전하고도 유리한 은신처가 되어준다.

아보니 둘은 다른 종이다. 확실한 기준이 되는 건 바로 꽃잎 수다. 꽃잎이 봄
맞이꽃은 5장, 큰벼룩아재비는 4장이다.

2020년 10월 중순경 잔디밭으로 조성된 포은정몽주선생묘역 양지쪽에
서 앙증맞은 가을꽃을 한창 피워내고 있는 큰벼룩아재비들을 만났다. 늘 깔
끔하게 다듬어진 잔디광장에서 용케도 살아남은 녀석들이다. 그런데 하필이
면 이 녀석들은 그 '위험'한 잔디밭에 자리를 잡았을까. 큰벼룩아재비는 그 뿌
리도 줄기만큼이나 아주 연약하고 짧아서 매우 불안정하고 쉽게 뽑힌다. 이런
생태 특성이 바로 잔디밭을 좋아하게 된 이유가 되었는지도 모르겠다. 잔디의

큰벼룩아재비 뿌리잎
(포은정몽주선생묘역, 2020.10.13.)
잔디가 없는 곳에서는 뿌리잎이 훌륭한 지지대 역할
을 하기도 한다.

강한 뿌리들이 이 연약한 큰벼룩아재비 뿌리를 꽉 붙잡아주니 말이다.

큰벼룩아재비는 비슷한 종인 벼룩아재비보다 잎이 더 큰 것으로 구별된다. 줄기의 특징도 조금 다르다. 벼룩아재비는 줄기가 아래쪽에서 갈라지지만 큰벼룩아재비는 꼭대기에 이르러 갈라진다. 대개 '~아재비'라는 이름이 그렇듯이 벼룩아재비도 벼룩나물과 비슷하다고 해서 붙인 이름이다. 벼룩나물은 벼룩처럼 작은 식물을 가리킨다.

지리적 환경에서 보면 벼룩아재비는 큰벼룩아재비보다 더 습한 땅을 좋아한다. 그렇다고 해서 큰벼룩아재비가 건조한 땅을 좋아한다는 건 아니다. 큰벼룩아재비도 적절히 습기가 있는 곳을 좋아한다. 보통 큰벼룩아재비는 잔디와 같은 초원식물과 어울려 사는데 같은 잔디밭이라도 좀 더 습기 있는 장소가 큰벼룩아재비들의 생활 터전이다.

털두렁꽃은 어떨까?

한여름이면 율동공원 한옆으로 유난히 털부처꽃들이 흐드러지게 핀다. 털부처꽃은 부처꽃과의 여러해살이풀이다. 부처꽃과는 세계적으로 33종이 분포하는데 우리나라에는 자생종인 부처꽃과 털부처꽃, 외래종인 미국좀부처꽃 등이 보고되어 있다.

털부처꽃은 주로 하천이나 연못 등 습지 주변에서 잘 자라고 7~8월에 자주색 꽃이 핀다. 건조한 땅에서는 1미터, 습한 땅에서는 1.5미터 정도까지 자란다. 몸체에 하얀 털이 덮여 있어 붙인 이름이다. 상대적으로 부처꽃은 털부처꽃에 비해 털이 거의 없는데 식물학자들은 부처꽃과 털부처꽃을 연속적인 변이종으로 보고 이 둘을 하나의 종으로 취급하거나 오히려 부처꽃을 털부처꽃의 아종으로 분류하기도 한다.

우리나라에서 부처꽃이라는 이름이 처음 등장한 것은 1937년에 발간된 《조선식물향명집》으로 알려져 있는데 아쉽게도 그 어원에 대해서는 명확히 밝혀져 있지 않다. 보통 식물 이름은 그 식물의 고유한 형태나 생태적 특징을 반영한다. 그런데 부처꽃에서는 그 어느 구석에서도 '부처'의 이미지가 발견되

털부처꽃(율동공원, 2020.7.6.)

지 않는다.

　굳이 부처와의 연결고리를 찾는다면 과거 음력 7월 15일 백중(百中, 우란분절盂蘭盆節)에 부처꽃을 공양하는 꽃으로 사용했다는 기록 정도다. 물론 이것도 우리나라가 아닌 일본에서 있었던 일이고 그조차도 진위 여부가 명확하지 않다. 백중날에는 과일과 꽃을 부처에게 공양하는 풍습이 있었는데 우리나라에서는 부들과 같은 수생식물이 이용되기는 했지만 부처꽃을 사용했다는 기록은 없다.

털부처꽃(성남시청공원, 2021.7.3.)

　　부처꽃의 다른 이름이 두렁꽃이다. 두렁꽃은 1988년에 발간된 《식물원색
도감》에 등장한다. 이 이름은 '논두렁에 많이 피는 꽃'이라는 의미의 북한 방
언이다. 부처꽃보다는 오히려 두렁꽃이 더 의미가 있을지도 모르겠다. 그러니
그 근원을 알기 어렵고 오해의 소지도 큰 털부처꽃보다는 훨씬 정감 있고 근
거도 확실한 털두렁꽃으로 불러주는 것은 어떨까?

고흐의
분홍색 복사꽃

복숭아꽃은 이름 그대로 복숭아나무의 꽃이다. 복사꽃이라고도 하는데 이는 복숭아나무의 또 다른 이름이 복사나무이기 때문이다. 그런데 복사꽃은 익숙한데 어딘지 모르게 복사나무는 어색하다. 이렇게 하나의 나무에 달리는 꽃 이름과 열매 이름이 다르게 불리는 것도 아주 독특하다. 복숭아나무의 가지는 잡귀를 내쫓는 주술적 기능을 수행했고 그 열매는 풍요와 장수를 의미했다.

복숭아꽃이 만발한 무릉도원(武陵桃源)은 중국인들이 꿈꾸던 이상향이었다. 복숭아는 신선들이 즐겨 먹는 장수식품으로 알려졌고 거기에서 바로 무릉도원의 이야기가 시작된다. 흥미로운 사실은 무릉도원 입구에 복숭아나무가 심어져 있지만 실제 무릉도원 안에는 복숭아나무가 없다는 점이다. 무릉도원의 복숭아나무는 무릉도원으로 들어가는 사람들을 낙원으로 인도하는 길잡이 역할을 할 뿐이었다.

나관중의 역사소설《삼국지연의》에도 도원이 비중 있게 묘사된다. 소설 속 주인공 유비, 관우, 장비는 장비의 집 뒤뜰 복숭아나무 아래에서 소를 잡

복숭아(성남시청공원, 2021.7.3.)

아 제사를 지내며 의형제를 맺고 천하를 바로 세우기로 결의한다. 이른바 도원
결의(桃園結義)다. 복숭아나무가 서 있는 장비의 후원도 세상을 향해 나가는
하나의 관문이었던 셈이다.

무릉도원과 도원결의를 이야기하면서 고흐의 〈분홍색 복숭아나무〉를 빼
놓을 수 없다. 1888년 2월 고흐는 번잡한 도시 파리를 떠나 프랑스 남부의 전
원도시 아를(Arles)로 향했다. 음습한 북유럽 네덜란드 태생인 고흐는 매일매
일 변해가는 아를의 봄 풍경에 흥분을 감추지 못했다. 과수원에는 복숭아, 살
구, 자두 등 과일나무 꽃이 만발했고 고흐는 그 눈부신 자연의 아름다움을
하나도 놓치지 않고 캔버스에 옮겨 담았다.

고흐는 과수원을 주제로 많은 그림을 그렸지만, 특히 장미나 목단 같은

↑↓ 복사꽃(성남시청공원, 2021.4.4.)

화려하고 큼지막한 꽃보다는 자잘한 꽃들이 무더기로 모여 피는 복숭아꽃, 배꽃, 라일락을 즐겨 그렸다. 아를에서 보낸 3~4월의 짧은 봄날 동안 그는 무려 14점의 꽃나무를 그렸는데 그중 하나가 〈분홍색 복숭아나무(The pink peach tree)〉(1888)였다. 그는 이 그림을 "내가 그린 것 중 최고의 풍경화"라고 자평했다. 고독했던 고흐에게 꽃이 만발한 과일나무는 희망과 위안을 주었다. 아를은 고흐에게 일종의 유토피아였던 것이다. 그는 이곳에서 그의 생애 중 가장 활기 있고 희망찬 시간을 보냈다.

고흐는 3월 30일 저녁 무렵, 스승 안톤 모브(Anton Mauve)의 사망 소식을 접한다. 그리고 그는 방금 막 완성한 복숭아 그림에 'Souvenir de Mauve Vincent & Theo'라 서명하고 스승에게 헌정한다. 안톤의 부인 제트 모브(Jet Mauve)에게 보낸 이 그림을 본 19세기 말 네덜란드 최고의 화가 요제프 이스라엘스(Jozef Israels)는 고흐를 '명석한 청년'이라고 극찬했다. 1888년 12월 23일 여동생 빌(Wil)은 동생 테오에게 쓴 편지에서 이 찬사를 그대로 전했다.

하지만 공교롭게도 이날은 아를의 작업실에서 함께 그림을 그리던 동료 폴 고갱과 심한 말다툼 끝에 정신 발작을 일으켜 스스로 왼쪽 귀를 자른 불운의 날이기도 했다. 잘린 귀는 종이에 잘 싸서 동네 사창가의 한 창녀에게 선물로 주었다. 그러고는 다음 날 병원으로 실려가 1주일여 동안 치료를 받았다. 이때만큼은 고흐에게 아를의 복숭아 밭은 결코 파라다이스가 아니었다. 중국의 무릉도원처럼 아를의 복숭아나무는 고흐가 꿈꾼 이상향의 세계로 들어가는 필요조건이기는 했지만 충분조건은 아니었던 것 같다.

머리 좋은
명자나무

명자나무는 장미과 명자나무속의 낙엽관목이다. 명자꽃, 산당화, 아가씨나무 등으로도 불린다. 4~5월에 주홍색 꽃이 피는데 간혹 흰색이나 분홍색의 명자꽃도 관찰된다. 중국에서 관상용으로 들여온 나무로 전국적으로 식재되어 있다.

명자꽃은 색깔이 무척 화려하다. 그런데 드러나지 않은 화려함이다. 명자꽃은 잎보다 결코 도드라지지 않는다. 꽃과 잎이 적절히 섞여 있거나 오히려잎 뒤에 꽃이 은근히 숨어 있다는 느낌이 든다. 수줍은 아가씨를 닮았다. '겸손'이라는 꽃말과도 아주 잘 어울린다.

명자나무는 가지가 촘촘하게 뻗고 서로 얽히기 때문에 생울타리로 제격이다. 잔가지가 시간이 지나면서 가시로 변하기도 하니 그야말로 울타리용으로는 안성맞춤이다. 가을에는 작은 모과처럼 생긴 열매도 달린다.

곤충의 도움으로 꽃가루받이를 하는 식물은 곤충이 꿀을 빨 때 꽃가루받이가 이루어지도록 다양한 방법으로 꽃을 설계한다. 그런데 뒤영벌 종류는꽃 바깥쪽에서 구멍을 뚫고 꿀을 훔쳐먹기 때문에 꽃가루받이에 전혀 도움을

주홍색 명자꽃(중앙공원, 2021.4.12.)　　　　흰색 명자꽃(중앙공원, 2021.4.12.)

주지 못한다. 이러한 사실을 명자나무는 진작 알아차렸다. 뒤영벌이 꿀을 훔치지 못하게 꿀주머니를 둘러싸고 있는 꽃받침을 아주 두껍게 만들었다. 이 녀석은 꽤 머리가 좋은 듯하다.

　우리 조상들은 명자꽃의 화사함이 여자들 마음에 바람이 들게 한다고 해서 집안에는 심지 못하게 했단다. 그런데 따지고 보면 '봄바람'이라는 게 어디 집 안에서 나는가? 봄이 한창 무르익을 무렵이면 이곳저곳에 머리 좋은 명자꽃이 흐드러진다.

망개떡과
청미래덩굴

청미래덩굴은 한반도 산지 곳곳에서 볼 수 있는 대표적 덩굴식물 중 하나다. 봄철이면 푸른 잎을 그 어느 식물보다 먼저 내밀고, 9~10월이면 반질반질 윤이 나는 짙은 녹색의 잎사귀와 대비되는 새빨간 열매를 얹고 있어 그 어느 식물보다 눈에 먼저 들어온다.

청미래는 '덜 익은 푸른 열매'라는 의미다. 이는 19세기 초 《물명고》에 기록된 '청멸앳'에서 비롯된 것으로 한자 청(靑)과 우리말 멸애(멸앳)를 합친 말이다. 여기에서 청은 '동청(冬靑)'을 뜻한다고 한다. 이는 겨울에도 가시와 줄기가 푸른 청미래덩굴의 생태 특징을 잘 보여준다. 청미래덩굴 줄기에는 갈고리 모양의 억센 가시들이 불규칙하게 돋아 있다. 덩굴식물로 살아가기 위한 방편으로 만들어낸 수단이다. 속명 스밀락스(*Smilax*)도 청미래덩굴처럼 가시가 있는 상록 참나무를 가리키는 고대 그리스어에서 따왔다.

멸애의 뜻에 대해서는 두 가지 해석이 가능하다. 첫째는 물열매(액과液果)와 관련되어 있다는 것이다. 우리가 즐겨 먹는 머루나 포도는 전형적인 물열매다. 옛날에는 물열매를 '멀위'라 했고 지금의 머루는 바로 이 멀위와 연관되어 있다. 물열매는 사람이나 야생동물에게 아주 매력적인 먹거리다. 그런데 이러한 견해는 약간 설득력이 떨어진다. 멸애를 열매로 해석할 경우 '청미래'는 '푸른 열매'라는 의미가 되는데 실제로 청미래 열매는 붉기 때문이다. 두 번째는 멸애를 식물의 뿌리(덩이줄기) 등이 꼬여 있는 모습을 나타내는 말로 보는 것이다. 과거 거문고의 부품인 학슬(鶴膝)을 만드는 재료를 청형(靑荊)이라 했는데 이 청형의 속칭이 '청멸애'였고 학슬의 모양이 바로 청미래덩굴의 덩이줄기와 비슷하기 때문이다.

이 같은 내용을 정리하면 청미래덩굴은 '가시와 줄기가 겨울에 푸른빛을

청미래덩굴 열매(율동공원, 2021.11.5.)

청미래덩굴 줄기 가시
(포은정몽주선생묘역, 2020.10.22.)

청미래덩굴
(포은정몽주선생묘역, 2020.10.14.)

띠고, 뿌리(덩이줄기)가 학슬 모양으로 꼬여 있는 덩굴'로 해석할 수 있다.

한편 멸애는 '명라' 또는 '망개'와 연관되어 있는 것으로 알려졌다. 지금도 지역에 따라서는 청미래덩굴을 망개나무, 맹감나무 등으로 부른다. 경상도 지역의 전통음식 중 하나인 망개떡은 바로 이 청미래덩굴의 어린잎으로 싸서 쪄 먹는 떡을 말한다. 이러면 나뭇잎의 향이 떡에 스며들어 풍미가 좋아지지만 무엇보다 '천연 방부 효과'로 인해 더운 여름날에도 오랫동안 떡을 보관할 수 있기 때문이다. 우리의 전통 추석 음식 송편은 청미래덩굴 잎 대신 솔잎을 깔고 쪄낸 떡이다. 망개떡과 마찬가지의 효과 때문이다. 그러니 요즘 솔잎 없이 쪄내는 송편은 사실 가짜 송편인 셈이다.

찔레꽃
다시 보기

　시골에서 어린 시절을 보낸 내게 진달래꽃과 함께 찔레순은 봄철에 즐겨 먹던 대표 자연 간식 중 하나였다. 이른 봄 막 돋아나는 새순은 껍질을 살짝 벗겨내고 그 속살을 먹는데, 달짝지근한 게 그 맛이 꽤 괜찮았다. 찔레순이 먹고 싶으면 고민할 필요가 없었다. 찔레나무는 군락을 이루고 있어 한 곳만 알아두면 언제든 그곳으로 찾아가면 되기 때문이다.

　찔레나무는 주로 숲 가장자리에서 자라는데 이를 임연식생(林緣植生)이라고 한다. 찔레나무는 이 임연식생 중에서 망토식물군락(mantle plant community)을 대표하는 식물이다. 찔레나무의 망토식물군락은 찔레나무만 자라는 것은 아니고 다양한 종이 잘 어우러져 살아가는 식물사회군이다. 이러한 습성은 또 하나의 대표적 망토식물군락인 칡이 단순 군락을 이루는 것과는 아주 대조적이다. 망토군락이란 숲과 개방지 사이에 망토처럼 펼쳐진 식물군락을 말한다. 주로 관목형 덩굴식물과 가시식물로 구성되어 있으면서 개방지의 인간사회로부터 숲을 보호하는 기능을 한다.

　찔레꽃이라는 이름은 옛말 '딜위'가 '질늬(찔늬)'를 거쳐 지금의 찔레로 변

화해온 것으로 본다. 딜위는 '찌르다'는 뜻의 '딜'과 명사화 접미사 '위'가 합쳐
진 말이다. 딜위라는 표현이 처음 등장한 것은 《동의보감》이며, 현재의 표준어
인 찔레꽃은 《조선식물향명집》에 수록된 찔레나무를 개칭해 《대한식물도감》
에 기록한 것이 지금에 이른 것으로 되어 있다. 찔레나무는 당시 경기도 방언
에서 비롯된 것으로 알려졌다. 중국에서는 '야생의 장미', 일본에서는 '들에서
자라는 장미'라는 표현을 쓴다.

　식물 분류상 찔레나무는 장미과의 갈잎떨기나무, 즉 낙엽관목이다. 키는
2미터 정도까지 자라고 5~6월에 가지 끝에서 흰색 꽃이 모여 핀다. 자그마한
찔레꽃은 그 향기가 무척이나 달콤하고 강렬하다. 찔레나무 하면 떠오르는 이

찔레꽃(포은정몽주선생묘역, 2021.5.20.)

찔레꽃(탑골공원, 2020.5.22.)

미지는 뭐니 뭐니 해도 늦은 봄에서 초여름에 걸쳐 피어나는 순백색의 무리 꽃이다.

예전에는 숲 가장자리에서나 볼 수 있었던 찔레를 이제는 주변 도시공 원이나 정원 울타리에서 쉽게 만날 수 있다. 잘 가꾸고 다듬어놓은 찔레나무 는 본래의 수수함을 잃지 않으면서도 덩굴장미의 화려함에도 결코 뒤지지 않 는다. 특히 요즘 새로 개량된 분홍 찔레꽃은 더 그렇다. 그런데 워낙 개량종이 많이 나오다 보니 찔레인지 장미인지 헷갈리는 것들도 적지 않다.

흔히 찔레는 들장미라고도 한다. 둘을 구별하기가 그만큼 어렵다는 뜻이

분홍 찔레꽃(성남시청공원, 2021.5.29.)   분홍 찔레꽃(성남시청공원, 2021.11.27.)

기도 하다. 꽃피는 시기와 꽃의 색과 모양 등으로 구별하기도 하지만 워낙 변종이 많이 만들어져서 경계가 애매한 경우가 많다.

가장 간단한 구별법은 턱잎을 비교하는 것이다. 턱잎은 잎자루 아래쪽에 붙어 있는 작은 잎 한 쌍을 가리킨다. 찔레꽃 턱잎은 전체적으로 빗살 형태의 긴 톱니가 발달했지만 장미의 턱잎은 끝부분만 뾰족하게 둘로 갈라졌을 뿐 전체적으로는 톱니가 없이 밋밋하다.

그런데 이 방법이 통하지 않는 경우가 있다. 바로 '찔레장미'다. 이름 그대로 찔레도 아니고 장미도 아니다. 아니, 찔레와 장미의 특징을 적절히 섞어놓았다는 표현이 더 정확하다. 찔레장미의 턱잎은 찔레처럼 전체적으로 톱니가 발달했으며, 찔레처럼 길지 않고 아주 짧다. 자연의 세계는 정말 깊고, 넓고, 오묘하다.

1	
2	3
4	

1 찔레장미(성남시청공원, 2022.6.5.)
2 찔레 턱잎(율동공원, 2022.6.8.)
3 장미 턱잎(율동공원, 2022.6.8.)
4 찔레장미 턱잎(성남시청공원, 2022.6.8.)

찔레나무 단풍(탄천, 2020.11.23.)

찔레꽃이 지고 나면 그 자리에 새빨간 열매들이 열린다. 한겨울, 특히 흰 눈 속에 살짝 파묻혀 있는 찔레 열매는 여느 열매 못지않게 예쁘다. 겨울을 보내는 새에게는 아주 긴요한 먹이가 되는 것은 물론이다. 찔레나무는 단풍까지도 예쁘다. 가을 단풍이 이렇게 화려한지 예전에 미처 몰랐다. 찔레나무는 버릴 게 하나도 없다.

찔레나무 열매(포은정몽주선생묘역, 2021.10.23.)

귀신이 깃든
자귀나무

자귀나무는 생태적으로 특이한 구석이 많은 나무다. 우선 꽃은 오후, 해가 막 넘어가는 저녁 무렵에 활짝 피어난다. 꽃 구조도 무척 흥미롭다. 하나의 꽃차례 안에 양성화와 수꽃이 동시에 존재하는 구조다. 꽃차례 한가운데 양성화가 1~2송이 자리하고 그 주위를 수꽃 여러 송이가 마치 호위무사처럼 둘러싸고 있다. 수꽃은 한 꽃송이에 수술이 25개 있으니 이들이 모인 꽃차례가 덥수룩한 솔 모양으로 보인다. 꽃이 전체적으로 분홍색을 띠는 것도 수꽃들 끝 쪽이 분홍색으로 물들어 있기 때문이다. 흰색 꽃이 피는 것은 왕자귀나무라고 해서 따로 구분한다.

자귀나무 잎의 생태 특징은 더 독특하다. 잎은 깃털 모양의 작은 잎 7~12쌍이 마주 달려 있는 우상복엽 구조로, 이들은 해가 넘어가면 서로 포개져 잠을 잔다. 식물학자들은 이를 '수면운동'이라고 한다. 수련이 밤에 꽃잎을 오므리고 잠을 잔다면, 자귀나무는 잎을 포개 잠을 자는 것이다.

1940년 런던 자연사박물관이 폭격으로 불에 탔을 때 소방관들이 잿더미에 물을 뿌리자 1793년에 만들어 두었던 식물표본에서 자귀나무 씨앗이 힘차

자귀나무(중앙공원, 2021.7.1.)

자귀나무 수꽃과 암꽃(중앙공원, 2021.7.1.)
꽃차례 한가운데 1~2송이의 양성화가 자리하
고 그 주위를 수꽃 여러 송이가 둘러싸고 있다.

게 깨어나 싹을 틔웠다. 씨앗은 공간적으로 자신을 널리 퍼뜨리기 위해 날개, 갈고리, 가시 등을 이용하고 시간적으로는 종자의 '휴면'을 통해 역시 그 목적을 달성한다. 자귀나무는 하루를 주기로 잠을 자고 깨어나기도 하지만, 무려 147년간 잠자다 깨어나는 탁월한 능력이 있었던 것이다. 콩과 식물은 특히 강한 껍질 덕분에 오랫동안 생존할 수 있는 것으로 알려졌다. 자귀나무는 장미목의 콩과 식물이다.

식물의 씨앗이 땅속에서 그렇게 오랫동안 잠을 잘 수 있는 것은 씨앗에 숨겨진 특별한 화학물질들의 정교한 생태적 메커니즘 때문이다. 식물은 씨앗 속에 타닌이나 락톤, 알칼로이드, 페놀화합물, 플라보노이드 등 독특한 화학물질을 저장해둔다. 식물의 씨앗이 세상에 나가 발아에 적합한 조건이 마련될 때까지 수십 년 또는 그 이상을 땅속에서 온전히 보낼 수 있는 것은 바로 이 화학물질들의 환경에 대한 정교한 반응 시스템 덕분이다.

　자귀나무의 어원은 확실하지 않지만 이 나무의 독특한 수면운동과 관련이 있는 것으로 보인다. 식물사회학자 김종원은 남녀가 합쳐진다는 의미인 '짝'에서 비롯된 짝나무가 짜기나무를 거쳐 자귀나무로 정착했다고 본다. 공감이 가는 이야기다. 자귀나무는 가끔 낮잠을 자기도 한다. 바로 비가 오거나 흐린 날이다. 날이 어둑어둑해지니 밤이 온 줄로 착각하기 때문이다. 이 녀석의 생체시계는 시간이 아니라 햇빛과 온도에 따라 움직이는 것이 틀림없다.

자귀나무(중앙공원, 2022.6.27.)

우리 선조들은 자귀나무의 이러한 습성을 두고 남녀가 사랑을 나누는 것 같다고 해서 합혼목(合婚木) 또는 합환목(合歡木)이라 했다. 전통 혼례식에서 신랑 신부가 나누어 마시는 술도 합환주가 아닌가. 그리고 실제로 부부간의 화합과 가정의 행복을 위해 이 나무를 집 안에 심기도 했다.

그런데 제주도에서는 자귀나무를 '귀신이 깃든 나무'라는 뜻에서 잡귀낭(자구낭)으로 불렀고 집 주변에 심어서는 안 되는 금기목으로 취급했다. 이렇듯 같은 나무를 두고 서로 상반되는 관점에서 바라보는 것은 다분히 각 지역의 지리적 특성 때문인 듯하다. 민속이라는 것은 기본적으로 오랜 시간의 지리적 산물이다.

자귀나무는 잎이 풍성해서 여름철이면 시원한 그늘을 만들어준다. 그러니 그 그늘 아래에서 낮잠 자기는 또 얼마나 좋을까. 문제는 이 나무의 가지가 연약해서 쉽게 부러진다는 점이다. 태풍은 물론이고 연중 바람이 심한 제주도에서는 자칫 자귀나무 아래에서 낮잠을 자다가 큰 변을 당할 수 있으니 예방 차원에서 금기시한 것은 아닐는지.

여름이 절정기에 이르면 어느새 자귀나무의 화려한 보라색 꽃들이 우수수 떨어지고 그 자리에 납작한 꼬투리열매가 주렁주렁 달리기 시작한다. 콩과 식물인 자귀나무 열매는 같은 콩과인 아까시나무 열매와 아주 흡사하다. 이 꼬투리는 겨울에 나뭇잎이 다 떨어진 후에도 나뭇가지에 그대로 매달려 긴 겨울을 보낸다. 가끔 겨울바람이 세차게 불기라도 하면 이 자귀나무의 마른 꼬투리가 홀로 또는 서로 부딪치면서 꽤나 소란스러운 소리를 낸다. 우리 선조들의 귀에는 그 소리가 마치 여자들이 떠드는 소리처럼 들렸던 모양이다. 그래서 자귀나무의 또 다른 이름이 여설목(女舌木)이다.

자연지리학자인 독일의 훔볼트(Alexander von Humboldt)는 이 자귀나무를 1800년 남아메리카를 여행하면서 처음 접했다. 베네수엘라 북부 투르메로 마을에 들른 훔볼트는 어마어마하게 덩치 큰 거목을 보고는 입이 떡 벌어졌다. 지금까지 그가 전혀 보지 못했던 거대한 노거수였기 때문이다. 그 나무는 자귀나무 종류였고 키는 18미터, 줄기 지름은 9미터, 그리고 수관의 둘레는 무려 약 175미터에 달했다. 나무가 얼마나 거대했던지 1.5킬로미터 거리에서 이 나무를 바라보던 훔볼트는 마치 거대한 수풀이 우거진 것 같다고 감탄했다.

자귀나무 열매(율동공원, 2021.11.5.)
납작한 꼬투리 열매들을 주렁주렁 단 채 긴 겨울을 보낸다.

홈볼트는 원주민들이 이 나무에 특별한 경외심이 있음을 알고는 그 자리에서 이 자귀나무를 '나투어뎅크말(Naturdenkmal)'이라고 불렀다. 흥미롭게도 후에 이 나투어뎅크말은 지금 우리가 사용하는 '천연기념물'이라는 용어의 기원이 된다.

1850년대 독일에 유학했던 일본 식물학자 미요시 마나부(三好學)가 독일어 'Naturdenkmal'을 '天然紀念物'로 번역해 일본에 소개했고 이 개념이 일제 강점기에 우리나라에 도입된 것이다.

자귀나무, 하나의 나무에 이런 흥미로운 이야기가 담겨 있다는 사실이 정말 놀랍지 않은가? "세상은 하나의 끈으로 이어져 있다"는 홈볼트의 자연관이 여기에서도 빛을 발한다.

개발새발
개발나물

개발나물은 미나리과 개발나물속의 여러해살이풀이다. 개발나물을 딱 봤을 때 가장 먼저 눈에 들어오는 것은 겹우산모양꽃차례(복산형화서複繖形花序)다. 이름 그대로 크고 작은 우산들이 이중삼중으로 겹쳐진 모양인데 내 눈에는 '눈 결정체'처럼 보인다. 개발나물류는 주로 잎의 개수로 구분한다. 잎 5~7장은 감자개발나물, 7~9장은 물개발나물, 그리고 7~17장은 개발나물이라고 한다. 학자들에 따라서는 물개발나물을 개발나물과 동일종으로 취급하기도 한다.

개발나물의 '개발'은 개의 발이라는 의미다. 겹우산모양꽃차례를 손으로 모으면 그 모양이 마치 개의 발자국 같다고 해서 붙인 이름이다. 가락잎풀, 동추나물 등으로도 불린다. 개발나물의 영어명은 'Hemlock water parsnip' 또는 'Water parsnip'이다. hemlock은 '독미나리'다. 실제로 개발나물은 나물이기는 하지만 독성이 강해 주의해야 한다. parsnip은 유럽사람들이 많이 먹는 미나리과의 뿌리채소다.

'개발' 하면 자동으로 떠오르는 단어가 '개발새발'이다. 비뚤비뚤 서투르

↑ **개발나물**(율동공원, 2021.7.29.)
꽃은 크고 작은 우산들이 이중
삼중으로 겹쳐진 겹우산모양꽃
차례다.

← **개발나물 잎**(율동공원, 2021.7.31.)

개발나물(율동공원, 2021.7.29.)

게 쓴 글씨를 빗댄 표현으로 원래는 '괴발개발'이 표준어다. 괴발의 괴는 고양이의 옛 이름이다. 괴발개발은 고양이나 개가 집 안팎을 이리저리 어지럽히고 돌아다니는 모습에서 비롯된 의태어인 것이다. 그런데 괴발개발이 발음하기 어려워 잘 쓰이지 않게 되자 대체 언어로 개발새발이 등장했고 훨씬 보편적으로 사용되기 시작했다. 초기에 개발새발은 비표준어였지만 표준어인 괴발개발보다 더 많이 쓰임에 따라 뒤늦게 같은 표준어로 인정되기에 이른다.

　개발나물에서 보듯 수많은 들꽃 이름에 가장 흔하게, 그리고 편하게 쓰이는 것은 역시 '개'다. 개는 우리와 가장 가까운 동물임에 틀림없다. 세 집 건너한 집이 반려동물을 키우고 있고 그 대부분이 개이지 않는가.

학자목 배롱나무와 회화나무

배롱나무와 회화나무만큼 인문학적 이야기를 가득 품고 있는 나무도 드물 것이다. 이 둘은 대표적인 학자목(學者木)으로 알려져 있다. 배롱나무는 줄기가 전체적으로 매끈하고 연한 갈색 또는 보랏빛을 띠는 것이 특징이다. 우리 선조들은 배롱나무의 이러한 줄기 특징이 청렴결백한 선비를 상징한다고 해서 예부터 서원 마당에 많이 심었다.

줄기는 얇게 껍질이 벗겨지기도 하는데 이때 보랏빛을 띤 줄기와 가지에 흰색의 속살이 드러나 묘한 분위기를 연출한다. 학자목이 되기에 충분한 생태 특징이다. 일본에서는 배롱나무를 원숭이가 미끄러질 정도로 매끌매끌한 나무라고 해서 사루스베리(猿滑원활)라 하는데 이 역시 이 나무의 줄기 특징을 잘 반영한 이름이다. 혹시 "원숭이도 나무에서 떨어진다"는 속담이 이 배롱나무에서 비롯된 것은 아닌지 모르겠다.

배롱나무의 매끌매끌한 나무껍질 부분을 손으로 긁으면 나무 전체가 마치 간지럼을 타는 것처럼 흔들린다고 해서 간지럼나무라고도 한다. 이런 현상은 바로 배롱나무의 '일체성'에서 비롯된 것으로 보는데, 상당히 흥미롭고 설득력이 있다. '간지럼나무'의 기원은 '간지럼을 두려워한다'는 뜻의 중국명 파양수(怕痒樹)다. 간지럼나무는 이를 차용한 이름이다. 배롱나무는 비교적 어린 시기에 전체 수형이 형성되어 그 모양을 그대로 유지하면서 성장하는데 이로 인해 배롱나무는 원줄기와 가지가 다른 나무들에 비해 일체성이 강한 것이 특징이다.

내 생각에는 나무가 간지럼을 탄다는 생각은 상당히 감성적인 표현이고, 실제로는 나무가 구불구불 구부러지면서 자라기 때문에 얼핏 보면 간지럼을 타는 것 같은 모양이라 이런 이름을 붙인 것 같기도 하다. 게다가 길게 뻗어 나온 수술도 역시 꼬불꼬불 꼬부라져 있지 않은가. 어쨌든 배롱나무 줄기는 제멋대로 구부러진 것처럼 보이지만 사실은 절묘한 균형감을 갖추고 있다. 아무리 솜씨 좋은 정원사라 해도 줄기를 그런 모양으로 잡아주기란 불가능할 것이다. 중국 남부 원산으로 우리나라는 주로 남부지방에서 관상용으로 길러왔으나 지구온난화 때문인지 지금은 중부지방에서도 잘 자란다. 꽃색은 대부분 분홍색이고 흰색인 것은 흰배롱나무라고 해서 따로 구분한다.

배롱나무는 부처꽃과의 낙엽소교목으로 7월부터 꽃이 피기 시작해 9월까지 약 100일 동안 꽃을 피운다고 해서 백일홍이라고도 한다. 풀꽃 백일홍과 구분하기 위해 목백일홍으로도 불린다. 배롱은 백일홍에서 파생된 이름이다.

회화나무에서 '회화'는 중국명 괴화(槐花)가 변형된 것으로 본다. '괴'의 원래의 문자적 의미는 나이 먹은 나무의 껍질에 생기는 옹이를 상징하지만 문화적으로는 악귀를 물리치는 나무라는 뜻으로도 풀이되었다. 조선 시대 궁궐이나 서원 등에 이 회화나무를 특히 많이 심은 것도 이런 이유 때문이다.

회화나무는 중국 주나라 시절 삼정승이 이 나무 그늘 아래에서 나랏일을

1 배롱나무(중앙공원, 2021.7.30.)
2 배롱나무 꽃(중앙공원, 2021.7.30.)
3 배롱나무 가지(중앙공원, 2021.7.30.)
　줄기와 가지는 전체적으로 매끈하고
　연한 갈색 또는 보랏빛을 띤다.

회화나무(중앙공원, 2021.7.20.)

보았다고 해서 이후 대표적인 학자목으로 불렀다. 주나라 때는 삼공(三公)을 삼괴(三槐)라 했고 이러한 문화가 우리나라에 들어와 '학자목 정원수'로 활용되었던 것이다. 한편으로는 나무가 자라는 모습이 마치 학자의 기상처럼 자유롭게 뻗어나가기 때문에 학자목이 되었다는 해석도 있다. 어쨌든 마당에 심으면 잡귀를 물리칠 뿐만 아니라 그 가문에서 큰 인물이 난다는 믿음까지 보태진 것이다.

회화나무는 콩과의 갈잎큰키나무다. 키는 30미터에 지름은 2미터까지 자란다. 은행나무, 느티나무, 팽나무, 왕버들과 함께 우리나라 5대 거목으로 알

회화나무(중앙공원, 2021.7.20.)

려져 있다. 7~8월에 황백색 꽃이 피는데 나뭇잎도 그렇고 전체적인 분위기가 아까시나무를 닮았다. 물론 가시는 없다.

중앙공원 광장 한 켠에는 경기도 문화재자료 제78호인 수내동 가옥이 보존되어 있고 담장 옆으로 거목 한 그루가 서 있어 공원을 찾는 사람들의 눈길을 사로잡는다. 바로 회화나무다. 황백색 꽃들이 막 피어나는 모습을 멀리서 바라보면 영락없는 아까시나무다. 광장을 찾는 많은 이들이 속는다. 나도 그랬다.

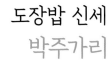

도장밥 신세
박주가리

　잘 익은 박주가리 열매는 자연스럽게 두 쪽으로 쫙 갈라지는데, 그 속에 명주실 같은 솜털을 잔뜩 달고 있는 종자가 가득 들어 있다. 이는 바람에 의해 종자를 번식시키기 위한 하나의 수단이다. 면화가 보급되기 전 우리 조상들은 이 솜털을 도장밥이나 바늘쌈지는 물론 겨울철 간단한 보온재로 활용했다고 한다. 민들레 씨앗은 봄철 짧은 시기에 다 날아가지만 박주가리 열매는 가을에서 겨울까지 마른 줄기에 그대로 매달려 있으니 이를 활용할 수 있는 기회는 더 많았을 것이다. 어쨌든 박주가리, 애써 가꾼 제 몸이 인간의 도장밥으로 쓰일 줄은 꿈에도 생각하지 못했을 것이다.

　박주가리는 용담목 박주가리과의 덩굴성 여러해살이풀이다. 박주가리라는 이름은 순수한 우리 이름이기는 한데 명확한 유래에 대해서는 알려져 있지 않다. 전반적으로 이 식물 열매의 특성에서 비롯된 것이라는 의견이 보편적이다. 우선 열매의 모양 자체가 작은 박처럼 생겼다는 데서 그 기원을 찾는 것이 일반적이다. 더 구체적으로는 '주가리'의 의미를 살린 '박-쪼가리' 기원설이 상당히 설득력이 있다. 이는 열매로서의 '박'에 그 박이 쪼개지는 형상에 빗댄 '쪼가리'가 합쳐져 박주가리가 되었다는 설명이다.

　박주가리라는 이름은 그 열매에서 비롯되었지만 사실 이 식물의 정체성은 '양성웅화동주형(兩性雄花同株型)'이라는 아주 어려운 의미의 꽃 특성에 있다. 양성웅화동주형은 양성화(짝꽃, 암꽃과 수꽃이 함께 피는 꽃송이)와 웅화(수꽃 기능만 있는 꽃송이) 등 두 종류의 꽃송이가 함께 있다는 뜻이다. 짝꽃의 경우 길게 발달한 것이 암술머리이고 그 아래 뚜껑으로 덮여 있는 것이 수술이다. 단독으로 피어 있는 수꽃송이에도 사실 긴 암술머리가 있기는 하지만 꽃가루받이를 할 수 있는 통로가 폐쇄된, 말하자면 불임꽃이다. 생태적으로 상당히 복잡하면서도 흥미로운 구조다.

　박주가리는 7~9월에 총상꽃차례에서 연분홍색 꽃이 핀다. 총상꽃차례

박주가리 열매(분당천, 2021.7.8.)
열매 모양이 작은 박처럼 생겼다고 해서 박주가리다.

는 긴 꽃대를 따라 꽃자루가 있는 꽃들이 아래에서 위쪽으로 계속 피어나는 것을 말한다. 꽃 바깥쪽은 흰색, 안쪽은 분홍색을 띤 데다 꽃잎 끝이 살짝 말려 있어 마치 소 혓바닥처럼 보이기도 한다. 꽃에 흰색 솜털로 잔뜩 덮여 있는 모습이 퍽 인상적인데 생각보다 향기가 상당히 짙고 달콤하다. 내가 분당천 변에 핀 박주가리 꽃에 코를 박고 있으니 지나가던 산책객 한 분이 덩달아 냄새를 맡아보더니 '라일락'꽃 향기가 난다고도 했다. 그런 것 같기도 하다.

박주가리(포은정몽주선생묘역, 2020.8.1.)
꽃 바깥쪽은 흰색, 안쪽은 분홍색을 띠고 있고 꽃잎 끝이 살짝 말려 있어 마치 소 혓바닥처럼 보인다.

　　서양에서는 박주가리를 밀크위드(Milkweed)라고 부른다. 우리말로 하면 '젖이 흐르는 풀'이라는 뜻이다. 박주가리 잎을 자르면 하얀 액체가 마치 이슬처럼 방울방울 맺히는데 그 모습에 빗대어 붙인 이름이다. 이 젖액은 카디악 글리코사이드(cardiac glycoside)라는 물질로 독성이 강하고 상당히 끈적끈적해서 천적을 물리치는 방어 기제로 쓰인다.

　　그런데 박주가리 잎을 즐겨 먹는 중국청람색잎벌레는 이런 방어 기제에 개의치 않고 박주가리 잎을 먹어 치운다. 비결이 무엇일까. 박주가리 젖액은 잎의 주맥을 통해 주변 그물맥으로 흐른다. 이 사실을 알아차린 중국청람색잎벌레는 잎을 먹기 전에 주맥을 잘라 일차적으로 젖액이 잎으로 흐르지 않게

박주가리(포은정몽주선생묘역, 2020.7.31.)
박주가리는 척박한 환경에 가장 먼저 들어와 자리를 잡고 사는 대표적인 개척식물이다.

막고, 다시 그 주변의 그물맥을 차단한 다음에야 잎 가장자리부터 먹기 시작한다. 사람으로 말하자면 동맥과 실핏줄을 그려놓은 '해부도'가 녀석의 머릿속에 들어 있는 것이 분명하다.

자연에서는 특정한 식물군락이 환경변화 등에 의해 새로운 식물군으로 대체되는 식물 천이(遷移)가 빈번히 일어난다. 이로 인해 식물이 없던 척박한 땅에서도 새로운 식물이 터를 잡고 점차 그 수와 종류를 늘려간다. 가장 척박한 땅에 먼저 들어와 사는 것은 지의류와 이끼류이다. 이어서 포자와 종자를 이용해 후손을 퍼뜨리는 양치류와 종자식물이 들어온다. 이 과정에서 특히 바람을 타고 털이나 날개를 통해 먼 거리까지 여행하는 박주가리, 민들레 등이 훨씬 유리하다. 이러한 식물을 개척식물이라고 한다. 박주가리는 대표적인 개척식물이다. 개척식물이 자라고 죽으면서 토양은 점점 비옥해지고 이어 키 작은 나무들이 자라기 시작하면 드디어 숲이 이루어진다.

꽃무릇 대잔치

　9월이면 중앙공원에 꽃 잔치가 벌어진다. 꽃무릇 대잔치다. 가을이 시작되면 중앙공원에서 단일 꽃식물로는 가장 넓은 면적을 독차지하는 식물이 바로 꽃무릇이다. 꽃무릇 하면 무의식중에 고창 선운사를 비롯하여 영광 불갑사, 함평 용천사 등의 사찰이 떠오른다. 그 이유가 무엇일까. 꽃무릇 뿌리에는 강한 독성이 있는데 이 성분을 단청이나 탱화에 섞어 바르면 좀이 슬거나 벌레가 꾀지 않는다고 한다. 이런 실용적 이유로 심기 시작한 꽃무릇이 이제는 사찰의 풍경을 더욱 아름답게 만들어주고 있다.

　과거에는 선운사 같은 특정 장소에 가야만 아름다운 꽃무릇을 구경할 수 있었지만 지금은 사정이 달라졌다. 우리 주변 가까운 공원을 둘러보면 곳곳이 꽃무릇 천지다. 중앙공원도 그중 하나다. 동네 공원인 중앙공원에 다른 지역 사람들이 일부러 찾아오는 일은 사실 거의 없다. 그런데 꽃무릇이 흐드러질 때는 사정이 달라진다. 공원 산책 중에 꽃무릇이 어디에 있는지를 물어오는 이들이 적지 않다. 꽃무릇 소식을 듣고 꽤 먼 길을 달려온 조금 먼 거리의 이웃들이다.

← ↓ 꽃무릇(중앙공원,
2021.9.22.)

　꽃무릇은 수선화과 상사화속의 여러해살이풀이다. 꽃무릇의 또 다른 이름인 석산(石蒜)은 중국의 한자식 이름에서 비롯된 것이다. 이는 '돌 틈에서 자라는 마늘종 모양'이라는 뜻이다. 일반인에게는 꽃무릇이 익숙하다. 상사화(相思花)라고도 하는데 이는 반은 맞고 반은 틀린 말이다. 속명으로서 상사화의 특징은 생애 주기가 아주 독특하다는 점이다. 잎과 꽃이 동시에 존재하지 않으니 이름 그대로 둘은 결코 '서로 만날 수 없는 운명'을 지니고 산다. 여기에는 상사화, 위도상사화, 석산, 백양꽃 등이 포함된다. 이런 의미에서는 석산을 상사화라 해도 틀린 말은 아니다.

　그러나 작은 의미에서의 상사화는 석산과 특징이 전혀 다르다. 상사화는 봄에 나온 잎이 시들고 나면 여름에 분홍색 꽃이 이어 핀다. 반면 꽃무릇의

잎은 늦가을에 나오고 겨울을 난 후 이듬해 여름에 떨어진다. 초가을이 되면 그 자리에 붉은색 꽃이 이어 핀다. 꽃 모양도 둘이 전혀 다르다.

← ↓ 꽃무릇(중앙공원, 2020.9.24.)

단풍나무와
컬러 세러피

　가을은 단풍의 계절이다. 꽃이 귀한 시기에 곱게 물든 단풍잎은 봄, 여름 그 어느 꽃의 화사함에 뒤지지 않는다. 단풍나무는 단풍이 예쁘게 든다고 해서 단풍나무다. 그러나 단풍나무 못지않게 화려한 단풍으로 물드는 나무도 적지 않다. 빨간색의 화살나무, 노란색의 은행나무 그리고 주황색의 느티나무가 그렇다. 주황은 빨강과 노랑을 섞어놓은 것이니 결국 단풍의 색상은 빨강과 노랑이다. 사람들은 이 빨갛고 노란 단풍잎에 열광한다. 왜 그럴까?

　색에는 고유 에너지가 있고 그 에너지는 사람의 눈과 호흡기 그리고 피부를 통해 몸으로 스며든다고 한다. 그리고 그 색 에너지는 사람의 몸과 마음을 치료하고 건강을 유지해주는 효과가 있는 것으로 알려졌다. 이른바 컬러 세러피(color therapy)다.

　흥미롭게도 색마다 그 효과가 조금씩 다르다. 빨간색은 우울증 치료에 효과가 있고 몸을 따뜻하게 해주어 혈액순환에 도움을 준다. 이비인후과에서 빨간색 계통의 불빛을 이용하는 것은 상처 부위를 완화하고 충혈 부위를 풀어주는 데 이롭기 때문이다. 노란색은 좌뇌를 주로 자극함으로써 우리가 빠르

빨간색 단풍나무(포은정몽주선생묘역, 2021.10.29.)

게 사고하는 것을 돕고 혼탁한 머리를 맑게 해준다. 흥미와 호기심을 자극하기도 한다. 주황색은 면역력과 소화력 증진에 효과가 있다. 단풍은 물론이고 열매 그리고 들꽃 대부분이 빨강, 노랑, 주황색 계열인 것이 결코 우연은 아닌 것 같다.

그러나 제아무리 꽃이 사람의 기분을 좋게 해주고 몸과 마음을 건강하게 해준다고 하지만 온 세상의 꽃이 모두 빨강이나 노랑이라면 어떨까. 색 연구가들은 빨간색에 지나치게 노출되면 쉽게 화를 내고 공격적이 될 수 있다고 경고한다. 이른바 컬러 중독이다. 약과 독은 종이 한 장 차이다. 다행히 자연에

↑ 노란색 은행나무(강원도 원주시 문막읍 반계리, 2022.11.3.)
↓ 주황색 느티나무(중앙공원, 2021.10.27.)

서는 그런 일이 벌어지지 않는다. 꽃이 독이 아니라 약으로 존재하는 것은 제 3의 컬러, 바로 초록색 때문이다. 초록색은 스트레스를 해소하고 마음에 평안을 가져다준다. 우리가 휴식이 필요할 때 본능적으로 녹색의 자연을 찾아가는 것은 이 때문이다.

초록은 약과 독 사이의 중심을 잡아주고 깨어진 균형을 다시 되돌려 놓는 특별한 장치다. 꽃색은 제각각이지만 모든 식물의 줄기와 잎이 초록인 이유가 여기에 있다. 초록은 그 자체가 또 하나의 '꽃'이자 자연의 바탕화면이다. 새빨간 단풍잎도 초록 속에 있어야 더 빛난다.

인동과 아라베스크

 겨울은 식물에게 시련의 계절이다. 그러나 이 겨울을 꿋꿋이 참고 견디는 식물이 하나 있다. 바로 인동초(忍冬草), 즉 인동덩굴이다. 처음 꽃이 필 때는 흰색이지만 곤충에 의해 꽃가루받이가 일어나면 슬쩍 노란색으로 바뀌는 묘한 습성 때문에 금은화(金銀花)라고도 불린다. 붉은인동도 있다. 인동이 겨울에도 잎의 일부가 푸른색을 띠는 반(半)상록의 식물인 것과는 달리 붉은인동은 낙엽이 지고 꽃색도 꽃가루받이 여부와 관계없이 그대로 붉은색이다.

 물론 붉은인동의 꽃도 붉은색 꽃봉오리가 서서히 벌어지면 노란색이나 흰색의 속살이 드러나기도 한다. 인동이든 붉은인동이든 보통 5~6월에 꽃이 피고 7~8월이면 진초록의 둥근 열매가 달린다. 그리고 9~10월이 되면 열매가 서서히 익기 시작하는데 인동은 검은색, 붉은인동은 적색으로 변한다.

 2021년 8월 중순경 맹산환경생태학습원을 찾았을 때 이미 인동덩굴의 화려한 꽃들이 사라지고 그 자리를 진초록의 열매들이 대신하고 있었다. 그 틈바구니에서 몇 송이의 인동과 딱 한 송이의 붉은인동이 뒤늦게 꽃을 피워내느라 애쓰고 있었다. 추운 겨울을 거뜬히 견뎌내는 녀석들이니 한여름의 무

인동(맹산환경생태학습원, 2021.8.29.)
처음 핀 꽃은 흰색이지만 꽃가루받이가 일어
나면 노란색으로 바뀐다.

붉은인동(맹산환경생태학습원, 2021.8.28.)
처음부터 붉은색 꽃이 핀다.

더위와 장맛비 정도에는 끄떡없어 보인다.

인동덩굴의 이러한 생태적 습성은 우리의 생활문화 속에 깊숙이 자리 잡고 있다. 인동초는 고 김대중 전 대통령의 이름 앞에 늘 따라다니는 수식어였고, 오래전 신라인들은 경주 천마총에 매장한 장니(마구의 일종)에 이 인동덩굴 무늬, 이른바 당초문(唐草紋)을 새겨넣었다.

당초문은 식물의 줄기, 덩굴, 잎을 형상화한 문양으로, 식물에 종류에 따라 인동당초, 포도당초, 모란당초 등으로 구분했다. 이 가운데 특히 가장 많이 쓰인 문양이 인동덩굴을 이용한 인동당초다. 인동덩굴은 겨울을 이겨내고 덩굴을 이루면서 끊임없이 뻗어나간다고 해서 '길상'과 '장수'를 상징했고 토기,

도자기, 회화 등 다양한 유물 장식의 디자인에 활용되었다. 이것이 바로 인동당초문으로 알려진 인동덩굴 문양이다.

인동 열매(맹산환경생태학습원, 2021.11.20.)

인동덩굴 문양은 고구려 강서대묘의 천장 굄돌, 백제 무령왕 금제관식(金製冠飾)에도 등장한다. 흥미로운 것은 이 인동당초문의 기원이 고대 그리스·로마 시대까지 거슬러 올라간다는 것이다. 고대 이집트에서 시작된 이 문양은 그리스에서 더욱 발전되어 로마, 페르시아 왕조를 거쳐 중국 그리고 우리나라와 일본에까지 전파되었는데 이것이 바로 아라베스크(Arabesque)다.

아라베스크는 식물의 줄기나 잎을 형상화한 무늬를 뜻하는 이탈리아어 아라베스코(arabesco)에서 나온 용어로 '아라비아풍의 문양과 장식'을 가리킨다. 이름 그대로 그 기원은 이슬람교를 창시한 무함마드(Muhamnade, 570~632) 시대로 거슬러 올라간다. 당시 우상숭배는 신에 대한 도전이라 생각했기 때문에 동물이나 사람을 그리는 것이 허용되지 않았다. 그래서 이슬람 사람들은 그 대신 식물의 문양이나 기하학적 문양, 코란의 경구 등을 소재로 하여 추상적인 패턴의 그림을 그리기 시작했다.

아라베스크는 이슬람의 전유물은 아니었다. 비록 초기에 이슬람문화의 영향을 많이 받기는 했지만 시간이 흐르면서 기독교, 불교권에까지 폭넓게 통용되었다. 더 나아가 그림에 국한되지도 않았고 심지어 음악에서도 아라베스크 열풍이 불었다. 아라베스크 문양처럼 아라베스크 음악은 하나의 악상을 여러 차례 현란하게 장식해 전개해나감으로써 환상적인 분위기를 연출한다. 여러 음악가들이 아라베스크 음악을 작곡했지만 가장 유명한 것은 프랑스 작곡가 클로드 드뷔시(Claude Debussey, 1862~1918)의 피아노곡 〈두 개의 아라베스크(Deux Arabesques)〉다.

"미타쿠예 오야신(Mitscuye Oyasin)," 인디언 다코다족의 인사말로 '모든 것은 하나로 연결되어 있다'라는 의미다. 자연지리학자 훔볼트의 철학적 사고에도 깊게 깔려 있는 사상이다. 보잘것없어 보이는 잡초 인동덩굴 하나가 그리스, 로마를 거쳐 한반도까지 세계를 하나로 이어주고 있다.

참고한 자료

도서

DK『식물』편집 위원회, 박원순 옮김, 2020, 《식물대백과사전》, 사이언스북스

강혜순, 2002, 《꽃의 제국》, 다른세상

고정희, 2012, 《식물, 세상의 은밀한 지배자》, 나무도시

국립수목원, 2019, 《식별이 쉬운 나무도감》, 지오북

권동희, 2008, 《한국지리 이야기》, 한울

권오길, 2015, 《권오길이 찾은 발칙한 생물들》, 을유문화사

글공작소, 2017, 《공부가 되는 식물도감》, 아름다운사람들

김강하, 2019, 《클래식 인 더 가든》, 궁리

김성환, 2016, 《화살표 식물도감》, 자연과생태

김영철 글 · 이승원 그림, 2019, 《풀꽃 아저씨가 들려주는 우리 풀꽃 이야기》, 우리교육

김은규, 2013, 《한국의 염생식물》, 자연과생태

김종원, 2013, 《한국 식물 생태 보감》 1, 자연과생태

_____, 2016, 《한국 식물 생태 보감》 2, 자연과생태

김진석 · 김종환 · 김중현, 2018, 《한국의 들꽃》, 돌베개

김태영 · 김진석, 2018, 《한국의 나무》, 돌베개

김태우, 2021, 《곤충 수업》, 흐름출판

김현숙, 2012, 《컬러로 건강을 지키는 컬러테라피》, 대원사

남궁 준, 2003, 《한국의 거미》, 교학사

대니얼 샤모비츠 지음, 권예리 옮김, 2019, 《은밀하고 위대한 식물의 감각법》, 다른

데이비드 조지 해스컬 지음, 노승영 옮김, 2014, 《숲에서 우주를 보다》, 에이도스

리처드 메이비 지음, 김윤경 옮김, 2018, 《춤추는 식물》, 글항아리

메이 R. 베렌바움 지음, 윤소영 옮김, 2005, 《살아 있는 모든 것의 정복자 곤충》, 다른세상

민충환 엮음, 2021, 《박완서 소설어 사전》, 아로파

백문기 · 신유항, 2014, 《한반도 나비 도감》, 자연과생태

베르나르 베르베르 지음, 이세욱 옮김, 2001, 《개미 1》, 열린책들

변현단 지음 · 안경자 그림, 2010, 《숲과 들을 접시에 담다, 들녘

손경희 그림 · 보리 글, 2016, 《나무 열매 나들이도감》, 보리

수잔네 파울젠 지음, 김숙희 옮김, 2002, 《식물은 우리에게 무엇인가》, 풀빛

스테파노 만쿠소 지음, 임희연 옮김, 2020, 《식물, 세계를 모험하다》, 더숲

_____, 김현주 옮김, 2016, 《식물을 미치도록 사랑한 남자들》, 푸른지식

스티븐 제이 굴드 지음, 김동광 옮김, 2016, 《판다의 엄지》, 사이언스북스

스티븐 해로드 뷔흐너 지음, 박윤정 옮김, 2013, 《식물은 위대한 화학자》, 양문

신혜우 글 · 그림, 2021, 《식물학자의 노트》, 김영사

안드레아스 바를라게 지음, 류동수 옮김, 2020, 《실은 나도 식물이 알고 싶었어》, 애플북스

안소영 지음 · 강남미 그림, 2005, 《책만 보는 바보》, 보림

에드워드 윌슨 지음, 안소연 옮김, 2010, 《바이오필리아》, 사이언스북스

에마 미첼 지음, 신소희 옮김, 2020, 《야생의 위로》, 심심

에바 M. 셀허브 · 엘런 C. 로건 지음, 김유미 옮김, 2014, 《자연 몰입》, 해나무

윌리엄 C. 버거 지음, 채수문 옮김, 2010, 《꽃은 어떻게 세상을 바꾸었을까?》, 바이북스

유기억, 2018, 《꼬리에 꼬리를 무는 나무 이야기》, 지성사

_____, 2018, 《꼬리에 꼬리를 무는 풀 이야기》, 지성사

윤주복, 2010, 《나뭇잎 도감》, 진선books

_____, 2013, 《식물학습도감》, 진선아이

_____, 2019, 《화초 쉽게 찾기》, 진선books

_____, 2020, 《들꽃 쉽게 찾기》 진선books

이광만 · 소경자, 2015, 《겨울눈 도감》, 나무와문화연구소

이나가키 히데히로 지음, 서수지 옮김, 2019, 《세계사를 바꾼 13가지 식물》, 사람과나무사이

이나가키 히데히로 지음, 장은정 옮김, 2021, 《식물학 수업》, kyra

이나가키 히데히로 지음 · 미카미 오사무 그림, 최성현 옮김, 2006, 《풀들의 전략》, 도솔오두막

이동혁, 2019, 《화살표 풀꽃도감》, 자연과생태

이성규, 2016, 《신비한 식물의 세계》, 대원사

이소영, 2019, 《식물의 책》, 책읽는수요일

이유미 글·송기엽 사진, 2021, 《내 마음의 들꽃 산책》, 진선books

이재능, 2014, 《꽃들이 나에게 들려준 이야기》 1~4, 신구문화사

장은옥·서정근, 2009, 《202 식물도감 야생화》, 수풀미디어

정부희, 2010, 《곤충의 밥상》, 상상의숲

정연옥, 2020, 《365 야생화도감》, 가교출판

조나단 실버타운 지음, 진선미 옮김, 2010, 《씨앗의 자연사》, 양문

조민제·최동기·최성호·심미영·지용주·이웅 편저, 2021, 《한국 식물 이름의 유래 : 『조선식물
　　향명집』 주해서》, 심플라이프

페터 볼레벤 지음, 장혜경 옮김, 2016, 《나무 수업》, 위즈덤하우스

피터 톰킨스·크리스토퍼 버드 지음, 황금용 옮김, 1998, 《식물의 정신세계》, 정신세계사

한영식, 2020, 《곤충 쉽게 찾기》, 진선books

헬렌 & 윌리엄 바이넘 지음, 김경미 옮김, 2017, 《세상을 바꾼 경이로운 식물들》, 사람의무늬

황경택, 2019, 《만화로 떠나는 우리 동네 식물여행》, 뜨인돌

황호림, 2019, 《숲을 듣다》, 책나무출판사

신문과 잡지

권순경, '권순경 교수의 야생화 이야기'(31) : "큰꽃으아리", 약업신문, 2015.6.10.

권혁세, "금꿩의다리", 여수넷통뉴스, 2019.7.29.

김민철, '김민철의 꽃이야기' : "벌개미취·쑥부쟁이·구절초, 3대 들국화 간단 구분법", 조선일보,
　　2020.9.16.

김민철, '김민철의 꽃이야기' : "산국의 향기, 감국의 단맛", 조선일보, 2020.10.13.

김오윤, "아까시나무는 정말 쓸모없는 나무인가요?", 나무신문, 2015.6.1.

김한솔, "잠자는 숲속의 식물 : 식물의 수면운동에 대하여", emedia, 2018.11.1.

김현정, '소년중앙' : "별을 품은 꽃, 그 이름은 우주", 중앙일보, 2020.9.13.

류재근, '전문가칼럼' : "큰물칭개나물 '발굴'의 의미와 수질오염 정화", 데일리한국, 2019.2.27.

문희일, "'아까시나무 꽃 피면 산불이 끝난다'는 데 5월 산불 급증 왜?", 경향신문, 2021.5.6.

박대문, '박대문의 야생초사랑' : "한겨울 백당나무 열매와 사랑의 열매", 자유칼럼, 2020.12.15.

박창배, '남도의 멋을 찾아서'(17) : "21세기 다시 태어난 윤회매, 다음(茶愔) 김창덕", 시민의소리,
　　2016.9.29.

박하림, "'어떤 나무와 어울릴까?' 식물로 알아보는 심리테스트 출시", 쿠키뉴스, 2021.4.7.

백승훈, '사색의 향기' : "오월 숲에서 만나는 귀부인 – 큰꽃으아리", 글로벌이코노믹, 2018.5.9.

변택주, '할아버지, 불교 정말 쉬워요'(60): "불상은 왜 머리카락이 있어요?", 불교신문, 2018.4.6.

서정남, '새로운 꽃식물' 240: "버들잎마편초", 원예산업신문, 2016.3.14.

송명훈, '특파원 eye': "헝가리 효자 '아까시나무' 재발견", KBS 뉴스, 2015.9.19.

양형호, "곰취야 동의나물이야… 산나물과 독초 구분법", 에코토피아, 2017.4.14.

왕성상, "희귀·멸종위기식물 '히어리'의 대량증식 비밀", 아시아경제, 2018.9.11.

유기억, '유기억의 야생화 이야기'(31): "왕고들빼기, 진정한 야생초의 왕", 넥스트데일리, 2016.3.24.

윤경호, '필동정담': "귀룽나무처럼", 매일경제, 2020.3.4.

윤주형, "유채는 노란색이다? 활짝 핀 보라유채는 어때?", 제민일보, 2020.5.21.

이규원, '올공의 꽃세상-22': "금꿩의다리", 월드코리안, 2018.7.23.

이동혁, '이동혁의 풀꽃나무 이야기': "새로 필 잎과 꽃을 품은 겨울눈으로 나무 구별해보자", 조선비즈, 2019.1.26.

이동혁, '풀꽃나무 이야기': "대청부채 미스터리는 아직 풀리지 않았다", IT조선, 2020.9.5.

_____, '풀꽃나무 이야기': "사랑의 열매를 찾아서", 비즈조선, 2014.1.3.

이상헌, "눈발이 하늘로 올라가는 듯한 독나방의 떼춤", 오마이뉴스, 2021.6.29.

이선, '이선의 인물과 식물': "훔볼트와 자귀나무", 경향신문, 2021.7.20.

이설희, "봄의 문을 여는 열쇠 '앵초'", 월간원예, 2020.4.11.

_____, "으아악!! 으아리꽃이 피었습니다", 월간원예, 2020.5.1.

이성규, '세상을 바꾼 발명품'(42): "아스피린", The science times 2016.1.04.

이순, "돌단풍-그저 바라만 보아도", 의약뉴스, 2021.3.29.

이정모, '이정모 칼럼': "호랑이는 천연기념물이 아니다", 한국일보, 2017.7.25.

이정우, '청년을 위한 불교기초강의'(35): "스님들은 왜 삭발하는가?", 불교신문, 2019.10.11.

임정수, "하이원, 겨울 눈꽃 사라진 자리에 '6월 순백의 눈꽃'", 아시아경제, 2021.5.28.

정진영, '식물왕 정진영'(37): "'서양등골나물'은 정말 황소개구리 같은 존재일까?", 헤럴드경제, 2015.10.22.

정태수, "팔순 앞둔 미 조각가 뜰 바위에 부처 새겨", 미주한국일보, 2019.6.20.

조길상, '오늘의 꽃': "황매화", 금강일보, 2019.3.20.

조상제, '조상제의 태화강 식물도감': "'나으리'의 꽃 나리", 울산신문, 2018.7.10.

조성미, 조성미의 '나무이야기' "자신을 지키기 위해 가지에 날개를 단 화살나무", 경인일보, 2019.11.25.

조수환, 전 의성공고 교장, "싸리 풋나무", 경북일보, 2020.01.30.

조용경, '조용경의 야생화 산책': "꿀로 가득한, 자잘한 자주색 꽃들의 집합 '꿀풀'", 데이터뉴스,

2019.7.17.

_____, '조용경의 야생화 산책': "어두운 숲속의 은하수, 개별꽃", 데이터뉴스, 2020.7.21.

_____, '조용경의 야생화 산책': "이른 봄 계곡의 바위틈에서 피어나는 돌단풍", 데이터뉴스,
      2021.2.29.

_____, '조용경의 야생화 산책': "작고 앙증맞은 별모양의 애기나리", 데이터뉴스, 2021.4.27.

조현래, "비루하고 망령되다는 '망초' 풀이름과 광복절", 레디앙, 2018.8.14.

_____, "쑥부쟁이를 쑥부쟁이라 불러서는 안 되는 이유?", 레디앙, 2018.10.4.

조홍기, "청양군, 밀원수 '칠자화' 특화거리 조성", 충청뉴스, 2020.10.8.

조홍섭, "애니멀피플 생태와 진화", 한겨레신문, 2019.12.18.

최종태, "월요마당: 최종태 강원도농업기술원장 '옥수수 개꼬리와 수염'", 강원도민일보,
      2019.8.5.

허성찬, "귀한 소금 대처품 붉나무⋯ 종기에 특효약", 제주도민일보, 2021.10.10.

허태임, '나의 초록목록(草錄木錄)⑳': "여름의 싸리", 뉴스퀘스트, 2021.7.26.

Rainer Neumann, Jutta M. Schneider, Males sacrifice their legs to pacify aggressive females in a
      sexually cannibalistic spider, *Animal Behaviour*, Vol.159, Jan. 2020.

인터넷 사이트

국립생물자원관 한반도의 생물다양성 species.nibr.go.kr

국립수목원 kna.forest.go.kr

국립중앙과학관 www.science.go.kr

국립횡성숲체원 자율숲 hsfreefo.modoo.at, 자생식물MBTI

나무위키 https://namu.wiki

네이버 지식백과 https://terms.naver.com

두산백과 http://www.doopedia.co.kr

불교신문 TV http://www.ibulgyo.com

위키백과 ko.wikipedia.org

트리인포 www.treeinfo.net

한국민족문화대백과사전 encykorea.aks.ac.kr

향토문화전자대전 www.grandculture.net

KISTI의 과학향기 칼럼 http://www.kisti.re.kr

찾아보기